COACHING FOR PERFORMANCE

The Principles and Practice of
Coaching and Leadership, 5th Edition

Sir John Whitmore
Performance Consultants International

約翰‧惠特默爵士———著　　李靈芝———譯
國際績效顧問公司

高績效教練

有效帶人、激發潛力的
教練原理與實務

25 週年紀念 增訂版

Coaching for Performance: The Principles and Practice of Coaching and Leadership, Fifth Edition
Copyright © The Estate of Sir John Whitmore and Performance Consultants International 1992, 1996, 2002, 2009, 2017
This edition first published by Nicholas Brealey Publishing, an imprint of John Murray Press, an Hachette UK Company
Traditional Chinese edition copyright © 2018 by EcoTrend Publications, a division of Cité Publishing Ltd. by arrangement with Nicholas Brealey Publishing and Andrew Nurnberg Associates International Limited.
All rights reserved.

經營管理 151

高績效教練
有效帶人、激發潛力的教練原理與實務
（25週年紀念增訂版）

作　　　者　約翰·惠特默爵士（Sir John Whitmore）
譯　　　者　李靈芝
責 任 編 輯　林博華
行 銷 業 務　劉順眾、顏宏紋、李君宜

總　編　輯　林博華
發　行　人　涂玉雲
出　　　版　經濟新潮社
　　　　　　104台北市中山區民生東路二段141號5樓
　　　　　　電話：(02) 2500-7696　傳真：(02) 2500-1955
　　　　　　經濟新潮社部落格：http://ecocite.pixnet.net
發　　　行　英屬蓋曼群島商家庭傳媒股份有限公司城邦分公司
　　　　　　104台北市中山區民生東路二段141號11樓
　　　　　　客服服務專線：02-25007718；25007719
　　　　　　24小時傳真專線：02-25001990；25001991
　　　　　　服務時間：週一至週五上午09:30~12:00；下午13:30~17:00
　　　　　　劃撥帳號：19863813　戶名：書虫股份有限公司
　　　　　　讀者服務信箱：service@readingclub.com.tw
香港發行所　城邦（香港）出版集團有限公司
　　　　　　香港灣仔駱克道193號東超商業中心1樓
　　　　　　電話：(852) 25086231　傳真：(852) 25789337
　　　　　　E-mail: hkcite@biznetvigator.com
馬新發行所　城邦（馬新）出版集團 Cite (M) Sdn Bhd
　　　　　　41, Jalan Radin Anum, Bandar Baru Sri Petaling,
　　　　　　57000 Kuala Lumpur, Malaysia.
　　　　　　電話：(603) 90578822　傳真：(603) 90576622
　　　　　　E-mail: cite@cite.com.my
印　　　刷　漾格科技股份有限公司
初 版 一 刷　2018年11月8日
初 版 二 刷　2019年8月7日

城邦讀書花園
www.cite.com.tw

ISBN：978-986-97086-0-9

售價：480元

Printed in Taiwan

〈出版緣起〉

我們在商業性、全球化的世界中生活

經濟新潮社編輯部

　　跨入二十一世紀，放眼這個世界，不能不感到這是「全球化」及「商業力量無遠弗屆」的時代。隨著資訊科技的進步、網路的普及，我們可以輕鬆地和認識或不認識的朋友交流；同時，企業巨人在我們日常生活中所扮演的角色，也是日益重要，甚至不可或缺。

　　在這樣的背景下，我們可以說，無論是企業或個人，都面臨了巨大的挑戰與無限的機會。

　　本著「以人為本位，在商業性、全球化的世界中生活」為宗旨，我們成立了「經濟新潮社」，以探索未來的經營管理、經濟趨勢、投資理財為目標，使讀者能更快掌握時代的脈動，抓住最新的趨勢，並在全球化的世界裏，過更人性的生活。

　　之所以選擇「**經營管理─經濟趨勢─投資理財**」為主要目標，其實包含了我們的關注：「經營管理」是企業體（或非營利組織）的成長與永續之道；「投資理財」是個人的安身之道；

而「經濟趨勢」則是會影響這兩者的變數。綜合來看，可以涵蓋我們所關注的「個人生活」和「組織生活」這兩個面向。

這也可以說明我們命名為「經濟新潮」的緣由─因為經濟狀況變化萬千，最終還是群眾心理的反映，離不開「人」的因素；這也是我們「以人為本位」的初衷。

手機廣告裏有一句名言：「科技始終來自人性。」我們倒期待「商業始終來自人性」，並努力在往後的編輯與出版的過程中實踐。

目錄

第一部　教練不僅是教練

第二部　教練原則

第三部　教練實務

前言

我很榮幸曾經參與數家全球頂尖公司的發展。我最初是在汽車業，最後是帶領三家大型的金融機構，擔任執行長和董事長。當時這些企業都不太穩定，有些正快速成長，有些是正經歷重整的企業，需要紮實而緊急的解決方案。

　　這讓我想起了兩件往事。首先是成功的定義。不光是指財務或市場上的成功，更是要打造一個充滿活力的高動能組織。擁有開明的領導人，並讓散布於各國的數千個人才過去未被開發的潛力得以發揮，那才是成功。第二是，我驚訝於某些公司竟會陷入困境，接著發現不能只是在必要時才修正錯誤，更要確定它們不會重蹈覆轍。

　　當我們思考「公司究竟是什麼」時，我們傾向於強調策略、市場地位、財務表現，以及股東價值。坦白說，這些都是現實的要素，但都有點偏向制式的技術層面。當我最後接掌了整家公司，才發現通往長期成功的路，有極大的複雜度與不確定性。我發現公司不僅是一個事業，更是一個能對個人、各行

各業、政府，以及整體社會產生顯著影響的生態系統。

　　卓越企業的領導方式，是以原則為基礎。一個利用原則來管理的制度，和一個用規則來控制的制度，兩者有很大的不同。原則定義了重心、理想狀態或真正的期望。規則則定義可接受的範圍，而且在許多情況下，限制了可能的成長。用規則營運的組織通常只能達到「還可以」的程度，更遑論發揮潛力了。在本書中，約翰・惠特默爵士和績效顧問公司展現睿智的見解，在人員和組織的績效表現上，如何運用教練方法來縮小「還可以」和「潛力無窮」之間的差距。

　　擁抱原則需要堅定的道德與情感基礎，以及長期關注企業的目標。原則能夠創造可激勵人們學習、成功、成長，以及做正確之事的環境。

　　傑出的公司往往聚焦於對其利害關係人創造長期且持續性的貢獻，同時也達成優秀的財務成果。他們的領導人很清楚：他的員工為什麼要將其事業生涯投入在這場冒險；為什麼顧客要跟他們往來，而不是跟其他公司；為什麼供應商應該把他們放在首位、社群應該信任他們、投資人應該選擇他們。

　　我們往往忘記（這點常常對績效造成傷害），是我們的人員，以及大家一起努力，才讓公司偉大。服務顧客、設計、建造和提供產品，以及發展新構想的，全都是我們的人員。創新並締造成果的是我們的人員，選擇貢獻心力、達成超乎其個人願景或理想的，也是他們。

　　身為銀行家，我很清楚公司需要有獲利，但在現在這時

代，很明顯的是，一家公司並不只是一個財務結構。一家蓬勃發展的公司，是集體比個體的總和更有力量，它有個更宏大的目的，引領公司作出所有決策。那些在世界上找到自己獨特定位的公司，必然勝過缺乏獨特定位的公司。擁有永續存在理由的體系，也勝過無此理由的體系。

就如同作者約翰・惠特默爵士一樣，我相信我們每個人活在地球上，是為了在一生中對世界作出一點貢獻。人們會尋找意義，以及如何作出個人的獨特貢獻。這是一個人性、社群和財務收益同等重要的時代，以此為基礎，可以發展出更長期的企業哲學。

因此，領導人必須採取必要行動，贏得長期信任和承諾，做為建立長期價值的基礎。也因此，我們必須採取對社會有利、在文化上令人嚮往、道德公允、經濟上可行且對生態負責的行動和決策。更重要的是，無論是行為或決策，都必須有信服力且公開透明。

領導人的責任是：為人員創造一個令人振奮且安全的冒險旅程，值得他們窮畢生之力去追尋。要如何分辨表現得好、很好、最好的公司呢？一切評量都取決於人員對為組織工作的感受，以及他們對達成目標的熱忱與投入度。最後，我們內在的思維以及外在的領導作風，會決定我們的組織多有生命力、多有朝氣，還有目的導向。

在這本第五版的《高績效教練》中，約翰・惠特默爵士和績效顧問公司說明創造高績效的要素，並揭開教練實務的面

紗。全世界的領導人和員工真的是非常幸運，能享受到他們對
我們工作生活所產生的雋永影響。

約翰‧麥法蘭（John McFarlane）

巴克萊銀行（Barclays plc）董事長

英國金融服務行業協會（TheCityUK）主席

序言

出版第五版的《高績效教練》旨在為想要創造高績效文化的教練、領導者和組織編訂一本必讀參考書。四十年前,績效教練之父約翰·惠特默爵士(Sir John Whitmore)將其事業界定為推動人類進步的潛在力量。他看到了一個機會,可以將個人和組織目的合而為一,使人員、利潤和地球環境都能受惠,並將這三者視為神聖的「底線三贏」(triple bottom line)。此架構可說是推動國際績效顧問公司持續進步的力量。而這家公司的其中一位創辦人,正是約翰·惠特默爵士。

我們與客戶密切合作,發掘其人員的潛力,並塑造著重覺察力和責任感的組織文化。這本增訂版也反映了全球商業教練實務的進步。從巴克萊銀行董事長約翰·麥法蘭的前言開始,我們分享了許多轉型的範例,以及績效增進的成果,其中包括對於公司利潤的效益。績效顧問公司顯示,應用其哲學、架構和工具後,透過員工的行為改變所帶來的對利潤的影響,其投資報酬率平均是800%。

如同麥法蘭所說，越來越多人尋求工作的意義和目的，以致於「值得他們窮極終生去追求」。全球75億人口中，有30億人是受僱者。我們在全球研習會上都會問與會者在工作的時候已發揮多少潛力，大部分人回答40%，這說明全球生產力的落差很大，而且還存在顯著的人才發掘空間。

我本身在銀行業曾獲得極大的成功──我們是全球一流的衍生性金融商品公司，在財務表現上大獲全勝。我就在交易室工作，需要充沛的體力來迎接種種挑戰，當然也樂趣無窮。我以身處一流團隊為榮，每天務求達成既定目標。突然有一天我睡醒後，開始渴望追求人生的意義和目的。因此我離開了銀行業。

約翰・麥法蘭曾領導澳盛銀行（ANZ bank）的轉型，可說是激勵人員探索其工作意義和目的之成功典範。他成功啟發了35,000位員工的潛力，並將盪到谷底的顧客滿意度擢升至榜首。公司花心力培育人才，將可達成更高成就。

約翰・惠特默爵士對於教練行業貢獻良多，我們應深深向他致敬。爵士完成這個新版《高績效教練》不久後就去世，許多人深感婉惜。他一生成就卓著，我個人也很感謝他點燃了教練業的火把，然後再無私地將火把傳遞給我們。他的見解、哲學和法則啟發了數百萬領導者和教練，努力達成個人和他人的最佳表現。本書是他重要的傳承代表作，全球已累計售出超過一百萬本，並翻譯成超過20種語言。

第五版《高績效教練》將繼續對教練專業帶來無價貢獻，

並清楚說明展現教練式領導風格的領導者將取得的顯著效益。同時，它也有助於改變過去認為人力資本投資應計入成本中心的觀念，如今應視其為利潤中心的活動，能夠為事業帶來真正的價值。欲進一步探索高績效教練、線上學習、公開和公司內部計畫的資訊，請造訪網站：www.coachingperformance.com。

最後，我要感謝我們才華洋溢的所有團隊成員，他們的足跡遍布全球超過40個國家，其所貢獻的專業和知識也將詳述於此最新版的《高績效教練》書中，並進一步為未來的教練和各行各業做好充分準備。

蒂凡妮·嘉思凱（Tiffany Gaskell），MBA、CPCC、PCC，

國際績效顧問公司

教練和領導力全球總監

關於本書

今日的企業界，史無前例地要求改變。傳統的商業文化無疑需要進化，這一點單從一些網路公司如何改寫了商業規則就可見一斑，也重新定義了組織和其員工之間的關係。這些網路公司更達到了前所未有的績效表現。過去的傑出大學畢業生，競相爭取類似高盛集團（Goldman Sachs）等績優公司的實習機會。如今，他們夢想充當Google（Alphabet）、Facebook之類公司的實習生，因為這些組織做事的方法不同，更誓言要為員工打造精彩且有意義的事業旅程。這一點說明商業的下一步，是要讓公司與它的目的連結、與它存在的意義連結起來。畢竟，各行各業的存在，都是在滿足特定的需要，不是嗎？第五版《高績效教練》說明所有組織都必須採用新的模式的原因；教練（coaching）如何成為其核心要素；以及它如何能讓人員、地球環境與利潤達成「三贏」。

我在1992年撰寫第一版《高績效教練》的時候，它是少數幾本教練專書之一，也是第一本討論職場上的教練方法的

書，並為全球的教練實務寫下定義。更重要的是，本書激起了
全球組織採納教練方法的渴望。不論運用教練方法的是經理人
或教練本身，本書正是為這群讀者而寫的。本書的初衷是定義
並制訂教練的基本原則，以免有太多初生之犢為了追求流行，
而跳進教練這一行。有些人也許並未完全了解教練方法在心理
學上的深度與潛在的廣度，以及它適用於廣大社會背景中的哪
一個環節。若未掌握這些重點，他們很可能就會輕易扭曲教練
的基本原則、應用、目的和聲譽。

　　《高績效教練》已成為全球領袖、人力資源部門和教練學
校的教練方法權威書籍。如今，市面上可看到許多精闢的教練
叢書，為這個知識領域增添更多精彩內容，但大致上，我們都
遵循了一套共通的原則。教練這一行以超乎預期的方式壯大且
日趨成熟，而且在草創期所碰到的問題，也能以不失體面的姿
態迎刃而解。我們在1980年代初期成立績效顧問公司
（Performance Consultants）時，可說是歐洲少數幾家提供教練
實務方法的公司；如今在歐洲，投入這個產業的公司上看1,000
家，教練人數更超過10,000人，涉獵的領域更遍及商業、教
育、醫療保險、慈善組織、政府機關，以及任何其他你想得到
的活動。績效顧問公司的觸角，更延伸至全球40個國家。

　　專業教練協會的數量也不斷增長，值得欣慰的是，彼此合
作無間，而不是相互競爭。拜國際教練聯盟（International
Coach Federation，ICF）和其他教練認證團體所賜，我們以非
常盡責的方式，對健全的認證、資格審核、標準和道德守則達

成協議並妥善監督。教練業已經從家庭工業脫胎換骨成為備受尊崇的專業，而且市面上也看得到數本相關的專業期刊。績效顧問公司旨在繼續引領這個產業，朝更專精的知識領域邁進。我把身為組織教練先驅的工作，交棒給我更年輕的同事之際，我承認我們的路仍然漫長，但可喜的是看到目前的成果，以及組織因我們而闖出更新的局面。對本書的最佳薦言是：全球已發行超過20種語言的譯本，其中包括日文、中文、韓文、俄文，以及大部分的歐洲語言。

特別注意事項：不良的教練實務，會導致錯誤詮釋、錯誤理解、無法分辨新的或不同的觀念，或無法實踐教練的承諾。我寫本書的用意在於：排除歪理謬論，具體說明真正的教練實務，其中包括：建立教練基礎的心理層面、教練的用途，以及如何創造終極的領導風格，進行思慮周延的、有助於績效的行為。

本版新增了哪些主題？

第五版《高績效教練》是基於多年來的教練經驗，更重要的是，探索人們的態度、信念、行為，以及覺察力的演進趨勢。它反映出教練知識的進步，以及產業不斷的發展和成熟。

創造高績效
《高績效教練》強調創造高績效，這一點應該很明顯。我希望

在本版書中強調：你可以將教練原則應用於任何類型的活動，帶來提升績效的影響。在此績效指的是：減少介入並增進潛力後，所帶來的成果。我會用一些實例和應用於某些特殊領域的例子（例如「精實績效的教練實務」和「安全維護績效的教練實務」），來說明這一點。

此外，第五版也提出「績效曲線」，當中顯示組織文化，並將文化與造成低、中或高績效的狀況互相連結。「績效曲線」可讓你深入了解教練如何創造高績效文化，進而徹底改變塑造組織文化的法則。這將是開拓教練和領導力的全新領域。

實務活動、個案研究和對話範例

本版《高績效教練》讓「教練實務」（第三部）更實際可行。此部分包括：問題、傾聽和「GROW」模式的原來章節，並利用活動方塊進行修正和更新。方塊內包含全球通行的黃金準則績效教練計畫之練習。這些實務活動將協助你發展出教練的基本技巧，這是我們所倡導而且證實有效的學習方式。畢竟，也許有些人可以娓娓道來何謂教練理論，卻在現實上完全無法教導他人。此外，我會分享一些新的工作場合對話和個案研究範例，說明教練如何創造高績效，以及在日常的領導工作中，如何實際運用教練方法。這些教練對話的範例是發行第一版《高績效教練》之後多年來所累積的成果，包括我和我的績效顧問公司同事與全球的組織合作、以及與數千個參與計畫學員的對話。

GROW的意見回饋架構和績效管理

我大幅改寫了 W（意願）的章節，並納入意見回饋，因為這是
驅動高績效的關鍵要素。很多客戶都十分強調持續改善和學
習，企圖擺脫傳統的績效管理法則。他們都樂見我們向其領導
人介紹「GROW」的意見回饋架構，將教練法則應用至完全轉
化的意見回饋和績效管理作業中。無論你是否已熟知GROW
模式，我敢說你絕對會愛上這個「GROW」意見回饋架構。

評量教練的效益和投資報酬率

正如同教育、激勵和管理，教練實務也需要跟上心理學的發
展，了解人們如何展現最好的自我。多年來我一直大力鼓吹工
作場所教練實務所帶來的驚人效果，以及教練如何引領出最佳
績效。當然，某些團體對此事實的領悟，與群眾接受的實務之
間，還是存在著時間落差。績效顧問公司敞開大門，歡迎讀者
與我們分享評估和評量教練的法則和範例。我全面修改了關於
教練效益的章節，與你分享評量效益和投資報酬率（ROI）的
方法。這套實務也廣泛被許多組織視為黃金定律。

教練實務詞彙

本版也加入「教練實務詞彙」，方便讀者自我學習和檢驗教練
技能。這些詞彙是來自備受尊崇且經過ICF認證的「高績效教
練」研習會。對於有意發展領導力的人來說，這個研習會已是
領導領域的黃金準則。

問題組

本書最後加入一個名為「問題組」的部分。這是探索教練實務的有用資源。隨時準備好發問的問題（而不是答案！）是學習新教練技能，以及調整你的神經網絡的最快方法。不久後你就能隨口就提出問題。

加油，勇往直前！

《一分鐘經理人》（*One Minute Manager*）的口號很吸引人，但事實正好相反，商場上沒有一蹴可幾的事。好的教練實務是一種技能，也許更是一種藝術，要求你深入了解觀念，並頻繁練習，才能帶出驚人潛力。本書將告訴你教練能塑造高績效文化的原因，以及相關法則。看完這本書不會讓你成為專業教練，卻能敞開一扇領導力大門，幫助你認識教練方法的驚人價值與潛力。我也許還可以帶你踏上自我探索之旅，發現個人和組織成功的祕密、你在運動和其他方面技能的提升，而且不論在職場或家中，增進你和他人互動的品質。

　　就如同學習任何新技能、態度、風格、信念一樣，培養教練風氣需要你作出承諾、不斷練習並投入時間，這股風氣才會自然散播，發揮最高效率。有些人可能覺得這很容易。如果你的風格非常接近教練，希望本書能協助你更上一層樓，或提出更完整的理論，支持你的直覺行為。如果教練並非你慣有的風格，希望本書能啟發你一些關於領導、績效和人員潛力的新思

維，帶給你一些可以立刻開始練習的教練方法綱領。常常有人問我要如何維繫、甚至是提升教練技能。我的回答是練習、練習、不斷練習。但必須提升對於你自己和他人的覺察，並承諾持續發展你的個人技能。

　　再說，通往好教練的道路，也並非只有一條。本書不過是你的良伴，協助你決定方向，為你介紹一些邁向目標的路徑。你必須自行開疆闢土，因為唯有你才能規劃你人生的藍圖，決定這幅畫中的風景和人物。豐富的風景能讓你的教練工作和領導力化為獨一無二的個人藝術作品，讓你的工作更好，並樂在其中。

　　當你決定開始一段發展的旅程，你可以轉化並改變你的工作和生活。當一個組織決定總動員，開啟整個組織的發展旅程，就可以轉化並改變他們的人員的工作與生命。從實務上來看，這個教練流程使得組織在每個階段都在進化，因為進化是從內部產生的，這一點絕對是命令式教導方法無法相比的。教練（coaching）與教導（teaching）完全不同，它談的是創造學習和成長的環境。

給讀者的話

本書的目標讀者分為兩個群組：領導人和教練（或渴望成為領導人或教練的人）。讓我進一步說明。

領導人（leader）指的是組織中的領導者和經理人。對他們來說，本書可幫助他們發展其個人的高績效領導力。領導人通常不會想要當一個認證教練，但是，了解如何以教練風格領導下屬，進而啟動他們的潛力，達成更高水平的績效，這已經在全球都蔚為風潮。的確，這是通往新一代領導者的道路，可說是最適用於二十一世紀的領導風格。我期望這些技能都成為準則，取代無法驅動人們全面發揮潛力的舊習慣。正當越來越多組織採用教練式的領導風格，它們將成為人們發揮潛力的平台，而組織和人們之間的關係，最終將進化為共生共存。

至於教練（coach），我指的是在組織中向人們提供正式教練課程的人，通常被稱為1對1教練（1:1 coaching）或高階主管教練（executive coaching）。他們也許是內部教練（也就是組織所僱用的全職教練），或外部教練（組織簽約的獨立教

練）。我相信這些人必須學習如何在組織的脈絡中進行教練工作，因為那是他們工作的所在，也是這本書所要談的重點。本書也會提到，結合教練模式的效能和企業的各項要素，以便為組織和學員創造完全不同的學習體驗。

在本書中，我會把領導人和教練都稱為「教練」（coach），因為與我們合作的組織和領導人往往會用「領導人教練」（leader coach）一詞來表示他們正在採用完全不同的領導或管理風格，來讓他們的能力提升到新的水平。我特別為內部和外部教練撰寫了第15章，解釋如何合併所有技能，進行正式的教練課。書中若有專屬於領導人或教練的具體技巧，我會在內文特別說明。

為了簡化，我用「學員」一詞表示接受教練的人，無論他們是同儕、團隊成員、領導人，或正式教練課的學員。

本書所傳授的是高品質的教練實務，標準和品質是關鍵要素。工作場所對話旨在反映ICF初階認證教練（ICF Associate Certified Coach）之水平。習慣使用不同風格的領導者，常常會問：「我應該在什麼時候告訴別人（我正在運用教練風格）？」請你親自演練本書所提到的工具，建立相關的個人能力；擁有這些能力之後，就能找到確切的個人領導法則。我們所合作的領導人大多認為有必要告訴同事，他們正在培養領導技能，嘗試一些新東西，好讓別人能夠理解和支持他們改變行為。

無論你是希望在組織內教練他人的領導者或教練，這本書都是特別為你而寫！

第一部

教練不僅是教練

第 1 章

何謂教練？

教練專注於未來的可能性，而非過去的錯誤

儘管這世界上有個名為國際教練聯盟（ICF）的組織，其會員來自138個國家，但如果你去牛津字典網站查一查「coach」或「coaching」詞條，您會對於教練到底在做什麼感到一頭霧水。它提供兩種定義。第一個定義是長途公車、火車車廂和旅遊。第二個定義包括：運動指導或訓練、私人教練和額外的教導。你可能不相信，但是教練的工作，其實和第一種定義比較相關。教練談的是旅程，和指導或教導完全無關。它的重點並不只是做那些事，事情的做法也同樣重要。教練工作的成果，大半出自教練和學員之間相互扶持的關係，以及教練使用的溝通方法和風格。學員確實需要一些事實真相，並培育新技能和行為，但不是教練告訴他或教他怎麼做，而是在教練的激勵下，打從內心探索而得。當然，改善績效的目標凌駕一切，而本書就是要說明：達成和維繫績效的最好方法。

內心遊戲

先來看看現代教練實務的沿革。四十多年前，提摩西·高威
（Timothy Gallwey）率先提倡簡單而全面的教練方法，也許是
本產業的先鋒。他是哈佛的教育學者和網球專家，他於1974
年拋下戰帖，寫了一本書《比賽，從心開始》（*The Inner
Game of Tennis*，中譯本經濟新潮社出版），不久後又出版了
《滑雪的內心遊戲》（*Inner Skiing*）和《高爾夫的內心遊戲》
（*The Inner Game of Golf*）。

　　「內心」（inner）一詞指的是選手的內心狀態，或是套句
高威所說的話：「你自己腦袋裡所想像的對手，比球網對面那
個人還難對付。」打網球的人，只要是有過那麼一段日子，覺
得球怎麼打都不對勁，自然知道他在說什麼。高威繼續說，假
如教練能幫助選手排除或減少內心的障礙，其學習和表現的天
賦能力將油然而生，不需要教練從旁給予太多的技術指導。

內心遊戲公式

為說明這一點，高威有一個簡單的內心遊戲公式。從現代人的
眼光來看，它的確有效點出了現代教練的目標：

$$績效＝潛力－介入$$
$$P = p - i$$

「內心遊戲」和教練模式都強調透過培養潛力（potential，p），並降低介入（interference，i），進而提升績效（P）。

> 內心的障礙，往往比外在的障礙更難應付。

高威的書首次發行時，儘管不少球員對他的理論趨之若鶩，讓書籍成為暢銷書，但相信他的教練、講師或專業體壇人士卻不多，更不用說要實行他的理念。他們覺得自己的專業受到威脅，認為高威想要顛覆運動教導的方式，破壞他們的自我、權威、以及沿用已久的原則。從某種角度來看，他的確如此。但教練們的恐懼被誇大了，誤會了高威的意圖。高威並不是使用無益累贅的文字在威脅他們，他只是提出建議：如果他們能改變方法，效果會好得多。

教練的精髓

我們可以從高威過去的作品中發現，他的確提到了教練的精髓。我對教練的定義，與內心遊戲及其代表的意義息息相關：**教練釋放學員的潛力，促進其發揮最佳表現。**教練幫助他們學習，而不是教導他們。畢竟，你是如何學會走路的呢？是你媽媽或爸爸指導你的嗎？我們都擁有與生俱來的學習能力，而這樣的能力在教導之下是會被破壞的。

　　這不是什麼新觀念：蘇格拉底早在兩千多年前就曾提過相同的想法，但是過去兩百年，人們急忙追逐唯物化約主義

（materialistic reductionism），蘇格拉底的哲學似乎在過程中遺失了。如今鐘擺又盪了回來，教練的哲學（即使不是蘇格拉底的哲學），即將在此停留一個世紀，甚至三個世紀！近來人類心理學出現了一個比較樂觀的模型，不再像過去的行為主義者所說：我們只不過是空空如也的容器，等著別人倒東西進來。新模型認為我們比較像是橡樹的果實，每一顆都擁有足夠的潛力，長成碩大的橡樹。我們的確需要營養、鼓勵，以及向上生長的陽光，但是橡樹的一切元素，已存在於我們體內。

如果我們接受這個現在已不太有人提出爭論的模型，那麼我們的學習方式，更重要的是我們的教學和指導方式，都必須檢討。遺憾的是，即使我們大部分人都知道這些方式有不少限制，但積習難改。放棄教導也許比學習教練更難。

容我進一步用橡樹的果實來比喻。橡樹的樹苗在野地裡從橡實生長出來之後，很快會生出一根髮絲般細小的主根，以尋找水份。樹苗才30公分高時，根就可能延伸到一公尺長。如果是養在商業苗圃裡，主根都是在花盆的盆底纏繞，當移植幼苗時，主根容易斷裂，而在等待新根成長的過程中，樹苗的成長就被嚴重耽誤了。主根的保留時間不足，而大多數種植者甚至不知道它的存在或目的。

聰明的園丁移植樹苗時，會把脆弱的主根疏散開來，固定頂端。接著用金屬棒子伸進土裡，挖出一個深洞，再小心地將主根放進這個垂直的長洞內。在橡樹成長的初期，投資這一點時間可以確保樹能夠存活，而且會比它那些商業育種的同類長

得更快速強壯。明智的商場領袖會運用教練實務，盡力仿效優秀的園丁。

　　過去，新的教練方法很難有普遍成功的明證，因為很少人能充分了解並運用它們。還好現在已經不同了，但願我在本書中新增的模式能支持、延伸高威的論點。然而許多教練一直不願意拋棄舊有已證實的方法，以致使用新法的時間不夠長，而無法看到成效。最近，商場實務因其必要性而有所改善，因而證實員工的工作投入度與高績效息息相關，而所有指向投入度的行為，都與教練實務相關，例如：協同合作、設定意義非凡的目標、賦權和責任心。這些概念都已成為商業上的語言，更重要的是，也締造了商業行為。

導師指導

既然我要定義「教練」一詞，也許應該提到導師指導（mentoring），這是另一個商場常見用語。mentor這個英文字出自希臘神話，故事描述奧德修斯（Odysseus）即將出發前往特洛伊城（Troy），於是把他的房子和教育兒子特勒馬科斯（Telemachus）的責任，都交託給他的朋友孟鐸（Mentor）。奧德修斯說：「把你一切所知都告訴他吧。」卻也無意間為導師一詞設下了限制。

　　有些人會把導師指導（mentoring）和教練（coaching）兩個詞彙交替使用。然而，兩者大不相同。教練並不仰賴較有經

驗者把知識傳承下去，因為那樣反而會阻礙了自我信念的建立
──而擁有自我信念，才是持續創造高績效的基礎。我們稍後
會進一步探討。事實上，教練需要專精的是教練實務，而不是
他教導的主題。這才是教練的強項。學習何時分享知識和經
驗，以及什麼時候不要這樣做，是教練型領導者最想解決的
事，更是關鍵課題。

麥克‧史布雷克倫（Mike Sprecklen）是划船常勝軍搭檔
安迪‧霍姆斯（Andy Holmes）和史帝夫‧雷格雷夫（Steve
Redgrave）的教練和導師。多年前，史布雷克倫上完一次高績
效教練課程時說：「我遇到了瓶頸。我已經把所有的技術都教
完了。但是這堂課卻開啟了更進一步的可能性，因為他們可以
感覺到一些連我都看不到的東西。」他發現了一個可以和學員
們一同前進的方法，也就是從他們的經驗和認知做起，而不是
從自己的角度出發。好的教練、領導方式，以及好的導師指導
都可以，也應該將學員帶到教練、領導者或導師本身的知識藩
籬之外。

內心商務

多年前我找到高威，接受他的訓練，並在英國成立了內心遊戲
機構（Inner Game）。之後不久，我們組成了內心遊戲的教練
團隊。一開始我們都接受高威的訓練，之後就自行訓練。我們
開辦內心網球課程、內心滑雪假期，還有許多高爾夫球員利用

內心高爾夫球，揮出漂亮的一桿。不久後，我們的運動學員就開始詢問，這些方法能否適用於他們公司的常見議題；IBM是率先提問的。在阿爾卑斯山的滑雪坡道上，學員們（大多是企業領導者）發現了革命性的滑雪學習法，那就是運用內心遊戲，並希望我們協助他們把這套法則帶到其工作中。值得注意的是：教練的簡單法則可以隨時應用於幾乎任何狀況下。當然，之後的就是已經發生的事實──我們率先在商業場合套用新的法則，並將其取名為「績效教練實務」（performance coaching）。如今，所有商業教練實務的代表人物都曾接受這套理論的訓練，並深受高威的影響。

績效顧問公司自1982年成立以來，就植基並倡導這些新法則，並將其應用於今天的商業環境中，進一步解決實際問題。的確，我們的團隊和客戶合作，套用教練實務於多元化的主題中，例如：員工工作投入度、精實方法論，以及安全維護。我們所擅長的是：教導領導者展開教練實務與組織轉型，也為行政主管和業務團隊提供專家級的教練。儘管教練在市場上會彼此競爭，但他們卻樂於當朋友，時常彼此合作。這點本身就是教練實務的具體呈現，因為高威認為，你在網球場上的對手只要能讓你不斷奔跑，他就是你的朋友；如果對手只是把球好好打回來給你接，那就無法幫助你進步，也就算不上是朋友了。進步，不就是我們各行各業都想做到的事嗎？

儘管我在績效顧問公司的資深同事高威，還有許多企業教練，一開始都是在運動界發展，但是運動教練的實務做法，整

體上並沒有太大的改變。它實質上比今天商場上奉為圭臬的教練方法顯著落後。那是因為我們在40年前將教練方法引進商場之際，它還是個新名詞，不用背負著過去的歷史包袱。我們得以引進新觀念，而不需要對抗舊有偏見，以及採用舊有方法的傳統從業人員。

這並不是說，我們在商場上從未遭遇阻力；我們有時候還是會遇到一些拒絕改變或漠視改變的人。教練實務已在商場上佔有一席之地，不過在相關的價值、信念、態度和行為成為每個人的規範後，「教練」一詞可能會消失。這一點本書將進一步探討，也希望第五版的出版能促使這樣的事發生。

心態和馬斯洛

事實上，高威的理論其來有自。在1940年代，美國心理學家亞伯拉罕·馬斯洛（Abraham Maslow）擺脫了利用病理學來了解人性的傳統做法。他研究的是成熟、完整、成功而且充實的人，他的結論是，我們都有機會成為這樣的人。事實上，他主張這才是最自然的人性狀態。在他看來，我們只需要克服自己內心對於發展和成熟所設下的障礙。馬斯洛和卡爾·羅傑斯（Carl Rogers）等人所推動的樂觀派的心理學思潮，至今仍不斷取代「胡蘿蔔加大棒」的行為主義（獎懲分明的懷柔政策），成為領導和激勵人員的最佳之道。如果我們希望充分擁護教練實務，當作未來的領導方式，那麼懷抱樂觀的心理是絕

對必要的。

　　馬斯洛在商業領域，以其「需求層級」（Hierarchy）而聞名。這個模型是說，我們最基本的需求是食物和水，除非滿足了這一層的生理需求，我們不會再想要其他東西（或許還外加一支手機吧）！一旦取得食物和水，我們會開始關心進一步的生存要素，例如：居所、衣物和安全感。當我們達成（至少一部分）這些實際需求之後，我們會開始聚焦於社會需求，包括：歸屬於某團體的需求。家庭可以滿足我們其中一部分的需求，但我們也會在夜店、社團或球隊中滿足這些需求。

圖1-1　馬斯洛的「需求層級」

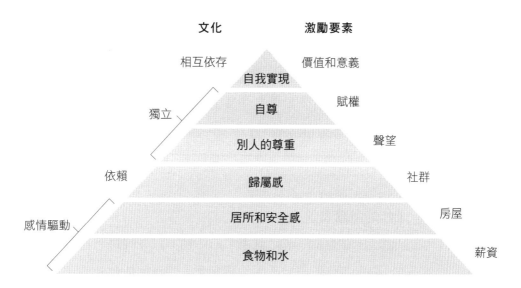

接著，我們想要得到的，是贏得別人的尊重和讚美。也就是透

過展現自己，或是透過競爭而獲得權力、勝利或認同，而得到別人的尊重。最後，這些情感上的需求，會微妙地轉變為獲得自尊（self-esteem）的需求，或者，我更喜歡稱它為：自我信念（self-belief，這是教練的基石，也是高績效的先決條件）。在自尊的這個層級，我們提高了對自我的要求，並設定自我評量的條件，而不是依靠別人對自己的看法。從心態來看，我們變得**獨立**（independent）。

　　馬斯洛層級理論的最高狀態是自我實現，指的是當自尊（別人的尊重和對自己的信念）已被滿足的個人，再也不需要向自己或其他人證明自己的價值。自尊和自我實現這兩種需求是非常個人的，而且也不再依賴外界。馬斯洛之所以把最後一個階段稱為自我實現（self-actualizing），而不是實現自我（self-actualized），因為他認為這是一趟永無止境的旅程。自我實現者主要的需求是：尋求生命的意義和目的。他們希望工作、活動和存在都附帶某些價值，對他人作出貢獻。他們變得**相互依存**（interdependent）。下一章我們將討論，當從獨立移動到相互依存，績效上會有多麼驚人的提升。

工作的激勵因子

人們會去做有助其滿足其需求的活動，只是他們不太會意識到這一點。工作的確自然而然能幫助人們滿足其需求，但它需要進展到下個階段。工作確實可以滿足人們的基本需求，因為他們有收入，就可以讓家人有飯吃、有水喝、有衣穿、有房子

住。它進一步帶來更高的位階、聲望、薪資等級，甚至是讓人羨慕的公司車接送。工作上的激勵因素，以各種形式的獎勵或報酬，某種程度來看能滿足基本需求和歸屬感，甚至可以滿足「別人的尊重」和「自尊」這兩種需求。到此的論述還不錯，對吧？

　　然而，今天的社會尋找的是更上層的滿足感，也就是意義和目的。而許多公司也開始思考這樣的改變。

自我信念

馬斯洛使用「對自尊的需求」的統稱，且明確區分「來自他人的尊重」和「自尊」的差別。我選用「地位和肯定」來參照前者，而後者則為「自我信念」。

　　自我信念並非由聲望和權勢而建立，因為這兩者只帶有象徵意義，而不是實質的價值。它指的是擁有備受他人肯定的價值，是別人的首選。只有升遷，沒有真正的授權，以及發揮潛力的機會，那是適得其反的做法。更糟的是：否定其作出的選擇、奪去權力、限制潛力和打擊士氣。教練絕不會這麼做。

千禧世代尋求意義和目的

有一些員工，特別是年輕族群，正表現出其尋求自我實現的需要。他們尋求工作的價值、意義和目的，在此情況下，傳統組織漸漸成為明日黃花。這些組織必須了解，填滿股東的荷包，再也不是他們所謂的意義。它們必須進一步思考其道德守則、

價值觀，以及股東的需要，更要把員工放在首位，再來就是要顧及顧客、社群和環境。

這些都是來參加我們的研討會之企業領袖和員工越來越常提到的問題。企業正在尋求改變其領導風格，而員工也要求這樣的改變。如果公司不希望這些年輕人，或馬斯洛所說的較成熟的員工心生不滿的話，就應立即展開改變。這個重大議題有助於提升績效，最終能讓人們、利潤和地球環境的底線都能坐享「三贏」。我將在本書中更詳細說明這一點。

領導行為的選擇

千禧世代要求領導方式作這樣的改變，但領導者往往不知該怎麼做。經驗告訴我們，若從領導的四大條件要求來看，培育員工是優先順序中最低的。在領導的優先順序中，依序是：時間壓力、恐懼、再來是工作的品質或產品的品質，最後才是培育員工。時間不夠和過度恐懼促使我們進入「發號施令和操縱」模式，但是工作的品質與人員的成長則是需要教練的。

令人訝異的是：有時候教練會被短視且急於為股東營利的人排擠。然而，年輕員工的期望已改變，進而喚醒了這份需求。他們在求職面談時會想知道職務能提供什麼訓練和發展機會，以及能期望怎樣的領導方式。他們不希望只為了生活而工作，而且一旦工作無法滿足其需求，就會離職。他們需要的是有助其實現自我信念的事物，例如：教練式領導。

領導方式必須改變

今天，大部分企業領導人已到達馬斯洛的「別人的尊重」層級，但這也是他們最容易傷害別人的時候。他們往往傲慢、獨斷、操縱慾強，且自視甚高。他們努力爭取實際上不需要或不配得到的加薪，但這一切只不過是評量或強化其地位的工具。

但是，如果企業領導者能跳出陷阱，升級到下一個階段，他們對於自我信念的追求，以及領導的方式都會變得更好。渴望或已達到此階段的領導者將會盡力做正確的事，而不只是「看似」做正確的事，或用正確的方法做事而已。只要是真誠踏實，就會使人感覺愉快，並且伴隨著自我信念。當然，到頭來這一切就是為了讓較寬廣的利他價值出現──為他人領導，而非為自己。

低於這個層級的領導者，都會帶有自私的成分，無論他還擁有什麼其他技能。他們只能領導恰好擁有相同抱負的員工。而已達到自我信念層級的領導者，如果受到足夠的激勵，他也許會變得稍微高調一點。相較之下，一個到達下一個層級──自我實現──的領導者就會低調得多。有時候這又稱為服務的層級（level of service）。服務往往被視為人們尋找意義與目的時的答案，昔日人們是從宗教上得到它，現在則是到別處尋找，包括工作上。服務他人的方法有很多，而且帶來極大的充實感，也是達成自我實現的恆常方法。一位跨國製造業公司的領袖參加我們為全球領袖籌辦的內部計畫，他表示：「我發現

我的工作其實是每天培育員工，我熱愛這份工作！」學習教練方法，讓他有機會探索員工的潛力。

馬斯洛晚年時增加了一個名為「自我完成」（self-realization）的層級。然而，就如我所說，發展是一趟旅程，不是目的地。最近有些評論家以更溫和的方式定義自我實現，暗示許多企業領袖和其他人都已到達此水平，藉此奉承他們。我對此做法難以苟同。依我看來，要夠得上領導者的頭銜，他／她必須跳脫地位和認同的層級，也要超越自我利益。有抱負的領導者會在較低的層級就磨練自己的領導技能，好讓自己可以表現稱職，但是在他們真正茁壯之前，應該要限制他們控制他人的權力。

好消息是：整個職場已經改變，儘管阻力不小，變革仍持續進行。而且領導者所制訂的策略，也已納入對環境的考量，進而推翻了只表面做做樣子的做法。此外，消費者和大眾往往透過網際網路，進一步要求企業公開透明，進而比較有效地監督企業的越軌行為。總而言之，欲面對二十一世紀的挑戰，改變是關鍵要素。教練方法正是推動變革的機制。

現代社會的絕大多數族群開始邁向自我信念和獨立，還有一些人渴望自我實現和相互依存。傳統企業和產生依賴感的發號施令和操縱式管理法難以滿足此需求，我們要改變這一點。事實上，我相信無法到達此層級的領導者，只是從未接受相關教育而已。他們唯一的學習方法是聽從教導。成人學習理論告訴我們，成人學習的方式與兒童完全不同，而關鍵在於自我信

念。教練談的就是成人的學習，而且是學習的確切方法，也可以滿足領導者的需求，並指出如何發展領導風格。

　　教練實務的重點在於：夥伴關係、協同合作和相信潛力。本書的第二部將探討教練原則，並解釋我的中心論述：教練和高績效源自於**覺察力**和**責任感**。為達成高績效，我們需要培養**強效的提問**和**積極傾聽**的基本教練技能，以及教練的指標架構：GROW 模式。這一點會在第三部詳述。接下來先談談高績效文化的特質。

第2章
創造高績效文化

促進教練文化，締造高績效

採用教練式領導風格，或是接受一對一教練的領導者，對於組織會有什麼影響？答案當然是：他們能夠營造高績效文化的環境。人類的進化之旅已邁入嶄新階段，過去的職位層級已被全新的權責下放和集體負責所取代。這是不是因為教練的專業能符合更廣泛的責任自負之需要（畢竟這是教練實務的重要主張），才使得教練這一行快速成長？是不是教練專業已變成是新世代的「催生者」？這樣講會不會太誇張了一點？但是，唯一能限制我們的，不就是我們的視野，以及我們自我設限的信念嗎？

教練不僅是教練

2016年世界大型企業聯合會執行長的挑戰（The Conference

45

Board CEO Challenge® 2016）的研究調查顯示，全球執行長最關心且最迫切需要解決的問題是：吸引並且留住一流人才，以及培育下一代的領導者。這個結果預告了改變即將發生，目前各行各業普遍更重視人力資本，並將其視為公司永續績效和成長的最重要貢獻因素。從更廣泛的層面來看，在談到我們這個時代的重要社會和環境議題時，企業由於其財力與影響力，使得它比政府更有力量。C & E Advisory 的執行長曼尼‧阿瑪迪（Manny Armadi）特別強調這個議題：「現在經濟基本面的負擔在於：政府無法獨力達成社會責任。另一方面，企業在經濟體系中確實擁有巨大的權力和影響力。」依此推論，企業領袖對於這個地球有一份責任──依我看來，這是一份邀約，希望領導者們在演進之路上，從自私的青少年，蛻變為受人敬重的成人；也期望領導者們在其周遭人們的生命中，以及在人們和環境的關係之間扮演一個關鍵角色。這是一份請您邁向轉型改變的邀請。

改變，從哪裡到哪裡？

我們需要各行各業都能採用全系統的人員發展法則，將過去強調恐懼的做法改為信任，並確認人們正在追求社會和心靈的演化。教練正是促進演化的要素，而教練文化能夠創造出高績效的環境與條件。本章稍後將會介紹績效曲線，來闡明這一點。企業文化必須改變，可是起點與終點是？

　　無論新文化為何，它都必須帶來更高水準的績效表現，也必須比過去更強調社會責任。如果只是為改變而改變，或只是為了對員工好一點，相信沒有企業會願意冒險承擔動盪不安的後果（儘管企業也的確需要這樣做）。儘管文化改變必然是，也需要是由績效驅動的，但今天績效的定義，其涵蓋的範圍更廣了。競爭和成長已逐漸落伍，取而代之的是：穩定性、永續性和協同合作。堅持過去所沿用的，不接受未來的公司和個人，恐怕無法在這個超額訂購、斷裂而不穩定的市場中存活。既然大部分行業的升職和加薪機會都不斷縮減，企業該如何維繫、管理和激勵員工呢？

　　像是「員工是我們最寶貴的資源」、「必須增加全體員工的自主權」、「釋放潛力」、「精簡人力和下放責任」及「激勵員工發揮最佳表現」的宣言，都已變成陳腔濫調。這些話語至今依然正確，但往往淪為空洞的論述。人們老生常談，卻並未起而行動。高績效教練應該如其字面意義，是取得最佳績效的途徑，但是，我們需要在態度、領導方式和組織架構上作出基本改變。

　　當然，還有一些務實的理由，支持企業和個人的改變，例如：全球競爭壓力日益激烈，迫使組織和團隊精簡人力、爭取高效率、靈活度以及反應度。此外，技術的發展日新月異，領導者往往發現沒有足夠的時間去學習其所僱用的團隊之技能。全球化發展、人口結構的改變，歐洲進一步的整合或解體，以及網際網路和即時通訊的多項影響，都驅使企業改變其做法。

　　然而我認為，企業面臨的最大挑戰來自於大眾要求他們負起相關的法律和社會責任——專家一致同意，氣候變遷既是自然現象，也是人為所造成。重要的是，我們需要找些可行的方法，促使企業既能與地球和諧同存，也能永續經營和成功。如今，組織的行為和其成功，已經在廣泛的領域上，史無前例的和全球、社會、心理、環境、經濟因素緊密連結在一起。此外，企業對於商業和財務的追求，及其巨大的權力，意味著它們也深刻影響其周遭的文化；而這些文化正在運用其消費者的力量，對企業進行反擊。

嶄新的風格

和我們接觸的大部分組織都在尋求改善績效的方法，進而與我們合作，因而踏上了徹底的改變之旅（至少這是他們想要的）。他們認為，若要真正改進績效，領導者必須採用教練方式。這些公司已認定，教練是一種適合於轉型文化的領導方式，也就是從指示轉為教練，進而驅動組織文化的改變。夥伴關係和協同合作取代了階級；誠實評鑑和學習取代了咎責；自動自發也推翻了外在激勵因素；富保護色彩的屏障也隨著團隊的建立而倒塌。組織再也不怕改變，更願意擁抱它，而員工也不再只想滿足主管，而是要取悅顧客。公開誠實取代了保密和審查、挑戰性的工作取代了工作壓力，也不再強調短期的救火行動，而是長期的策略性思考。圖 2-1 顯示新的高績效文化之部分特性，當然各行各業都有其獨特的組合和優先順序。

圖2-1　高績效文化的特質

舊文化	新文化
成長	永續經營
強加的規則	內在價值
恐懼	信任
數量	品質
過剩	足夠
教導	學習
獨立/依賴	相互依存
成功	服務
本質為控制	崇尚自然的系統
逐漸惡化	重新創造

參與

內心遊戲的公式裡還包括一個也許是更微妙的因素，而它幾乎無所不在，以致於有些人很難指認它，如今它被稱為「民粹主義」（populism）。人們開始逐漸覺醒，無論是在工作、玩樂，在地方、國家，甚至是全球的範圍，舉凡決策會影響到他們，都一律要求進一步參與決策的制訂流程。傳統政府機關和其他機構在過去都無須面對備受質疑的聲浪，現在卻時不時就被媒體、壓力團體和相關個人聲討責難。這不就是前蘇聯和東歐集團國內發生的現象，進而促使共產主義於1989至1991年間瓦解？阿拉伯之春的革命浪潮，2010年在突尼西亞展開，當時群情洶湧，渴望推翻政權。與過去相比，生活在今天的社會，

更容易表達心聲；而過去堅不可摧的城堡，儘管展現令人懷疑的所謂尊重民意，但現在，城牆也出現了裂痕。祕密或許會被隱藏起來，但大部分深思熟慮的人都擁抱這樣的改變，即使這樣做會伴隨著不安。當然，要求心聲被聽見也會帶來一些意外的效果，例如在2016年，英國的一大群疏離的群眾，投票贊成英國退出歐盟（又名「脫歐」），而在大西洋另一邊的美國，則投票支持唐納德·川普擔任總統。

結束咎責文化

公司常常表示要擺脫「咎責文化」（blame culture），但一如既往，沒有起而行動。咎責是職場上普遍的病症、也是一種統治的哲學，但說實在的，這是人的天性。但咎責涉及的是歷史、恐懼和過去，我們需要重新把焦點放在抱負、希望和未來上。咎責的恐懼感不但會阻止我們去冒已慎重計算的風險，更阻擋我們誠實去承認、辨識和確認系統的不足之處。咎責挑起了我們的防衛心，進而降低了覺察心。但是，缺乏了正確的回饋資訊，系統就無法作出適當的調整。若持續咎責，文化基本上就無法改變。但大部分企業和人都改不掉這個習慣。

減少壓力

還有一個好理由，要求個人承擔更多責任，並擁有自主權。現代社會誰沒有沉重的工作壓力？歐洲增進生活和工作環境基金會（European Foundation for the Improvement of Living and

Working Conditions），以及歐洲工作安全和健康署（European Agency for Safety and Health at Work）的聯合報告指出，擁有更多工作自主權的工作者，與較少自主權者相比下，所承擔的壓力比較少。這一點意味著我們迫切需要改變工作方法，鼓勵個人負責。

但是，為什麼缺乏個人自主權會帶來壓力呢？自尊就是一個人的生命力，如果自尊被壓抑或貶低，人也是感同身受。壓力正是來自於自尊長期受壓制。在工作場所中盡量給他人作出選擇和控管的機會，就是肯定和證實他們的能力和自尊。在領導方式上若做不到這一點，壓力將油然而生。舉例來說，加拿大公職人員聯盟（Canadian Union of Public Employees）所提出的工作壓力主要來源就是：「缺乏教練指導」，以及「低自尊」。

個人責任是生存的關鍵

然而，很多人都害怕改變，無論改變多大或多小，他們都會放大檢視。當你想到我們如何教孩子去面對未來世界時，我們能做的並不多，因此大家會害怕改變，當然可以理解。它肯定不會像我們所想像的那麼嚴重，但我們卻無法得知以後會是怎樣的光景。然而，我們談的不僅是外在改變，更是內心需要變得更有彈性和適應能力，以面對未來。我們所知所喜愛的一切不斷變動，因此，完全接受個人責任遂變成生存所需的生理與心理要素。

績效曲線

過去我曾主張，檢視個人的心理發展過程，有助於掌握公司、社群和文化的演進方向，以及他們將邁向旅程的哪些階段。我特別期望在本版當中向讀者介紹我在績效顧問公司的同事所建立的「績效曲線」（Performance Curve）模式圖，它可以簡單說明這一點。

已故的管理學教授彼得・杜拉克（Peter Drucker）曾說：「企業文化把策略當早餐吃。」（譯注：企業文化會影響策略的制訂與實行）我再同意不過：文化是關鍵，但是，能積極創造和評量文化的組織，卻少之又少。「世界大型企業聯合會執行長的挑戰」的研究調查也確認：「從跨組織範圍而言，也就是從營運效率、一流顧客服務、人才招募和留才能力，以及高水準的企業績效與突破來看，文化基因可說是成敗的關鍵。」

「績效曲線」要檢視的是普遍存在於組織中的集體文化思維，以及這樣的思維如何創造績效（見圖2-2）。組織內部最能影響其文化建立的是領導人，難怪合益集團（Hay Group）等組織的研究調查顯示：領導者行為的影響力，足以提升高達30%的利潤績效。領導者是績效的守門員，本書將集中闡明領導行為的指標。

「績效曲線」四階段中，每個階段都有其特有的整體文化思維（以楷體字表示）。這個績效發展模式會讓你想起我們在第1章提到的馬斯洛之「需求層級」，以及高威的內心遊戲公

圖2-2　績效曲線

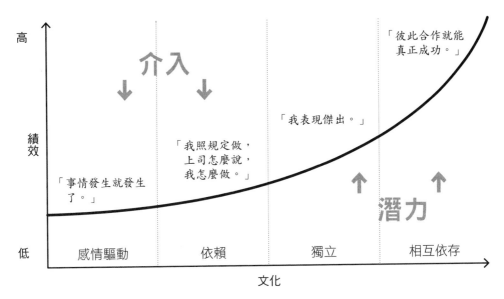

每向右邊移動，會得到更好的利潤

式：曲線上方說明介入逐漸減少，而其下方則是績效增進後的潛力增加。每種思維都創造明顯的組織特色，並與特定層級的績效相關。請檢視每種模式，並思考你每天以哪一種思維在工作。

　　當然，「績效曲線」看的是組織行為的成熟度，而不是組織管理制度的成熟度。但是，我們可以從圖2-3找到一些蛛絲馬跡，以及目前已達成的行為。

　　問題當然是：「你的團隊或組織的文化是？」在思考此問題時，重點是記得：要看的是組織或團隊內的普遍思維。也有可能是：組織的不同部門處於曲線的不同部分。「績效曲線」

圖2-3 績效曲線：組織發展的四個階段

	感情驅動	依賴	獨立	相互依存
快速瀏覽	• 「事情發生就發生了。」 • 缺乏系統和架構 • 雜亂無章且不一致的領導風格	• 「我照規定做，上司怎麼說，我怎麼做。」 • 層級 • 領導者發施號令和操縱	• 「我表現傑出。」 • 系統能支持個人目標的達成 • 領導者能賦權	• 「彼此合作就能真正成功。」 • 意義和目的合而為一 • 自我管理的團隊
績效	低	低—中	中—高	高
馬斯洛的激勵因子	生存	歸屬感	自尊	自我實現
內心遊戲	高介入度 低潛力	高—中介入度 低—中潛力	低—中介入度 中—高潛力	低介入度 高潛力
現在的文化面貌是？				
普遍的文化思維	「事情發生就發生了。」	「我照規定做，上司怎麼說，我怎麼做。」	「我表現傑出。」	「彼此合作就能真正成功。」
文化特色	最低程度的覺察力和責任感。 組織依所發生的狀況而直覺反應。覺得一切無法預測。 鮮少溝通、不鼓勵員工投入、不培育人才。 求生存的心態	低—中的覺察力和責任感。 組織強調穩定經營，一切循規蹈矩。個人聚焦於流程和達成任務，沒有太多自主機會。強調團隊認同感，人們有融入團隊的需要。 強烈的單向溝通，以及不同等級的表現肯定。低投入度和信任感。 避免風險的心態。	中—高的覺察力；對個人績效高度負責。 組織支持創新和培育個人。人們相信可利用行動創造不同的局面。與團隊或組織目標相比下，個人可能會更強調達成個人目標。也許難以達成工作與生活的平衡。 雙向溝通，員工的工作投入度佳。 創造成就的心態。	高覺察力和責任感——自我和他人。 強烈的教練文化。團隊強烈感覺應負責達成高績效，並相信只能透過團結一致，才能達成目標。人們會與他人溝通，以了解多元觀點，並展示高度的信任、關懷與協同合作。 持續真誠的溝通和意見回饋。 集體潛力的心態。

圖2-3　績效曲線：組織發展的四個階段（續上頁）

組織制度	未制訂基本制度；職務和責任的定義不太清楚。 沒有可供校準的要素。	制度和流程聚焦於效率，且傾向於僵化呆板；嚴格套用規則。 校準的要素是規則和目標。	制度支持持續改善和學習，以及個人目標。 校準的要素是價值和標準。	以原則主導的調適型制度，講求靈活度、永續、集體學習，以及支持每個層級的績效表現。 校準的要素是共享的願景、意義、目的和方向。
與組織願景和目的的相關性	不相關。 沒有一致的願景。	低相關性 願景延伸為追求利潤；若包括人員在內能更強化此願景，例如：「我們旨在成為全球最大的電信公司。」	中—高相關性 願景涵蓋人和利潤；延伸至環境後可進一步加強，例如：「我們竭誠透過彼此連結，提升顧客的生活型態。」	高相關性 願景涵蓋人、利潤和環境，例如：「我們以無比的勇氣、誠信和愛盡己所能，共同創造每個人、社群和環境都能蓬勃成長生活的世界，同時擁抱光輝的愛與美好的食品。」*
領袖正在做什麼？				
領導風格	雜亂無章且不一致 領導者也許滿腔熱情，但也盡力想在短時間內成功，因此往往任何事都親力親為。鮮少聚焦於長期願景和方向。	發施號令和操縱—交易型 領導者以明顯的層級來完成工作、維持穩定和一致性。領導者之間可能展現局部思維，彼此競爭。傾向於咎責。	授權—促進個人轉型 領導者抱持教練思維、授權個人表現、強調創造效率的高績效、適應能力和持續學習。	夥伴關係和互相支援—協同合作、集體轉型 領導者擔任支持/僕人的角色，強調群體的益處，塑造教練文化，並激勵高績效和自我管理的團隊。

*摘自美國全食超市（Whole Foods Market）。

圖2-3 績效曲線：組織發展的四個階段（續上頁）

領導者的影響力	領導者的行為讓人員感覺困惑，沮喪和壓力。	領導者（可能在不自覺的情況下）限制人們發揮潛力。 害怕失敗的心態會摧毀主動性、創意，並壓抑投入度。	領導者促使個人達成目標和負責。鼓勵團隊合作。	領導者啟發並驅動絕佳的團隊合作和承諾。 組織樹立更遠大的目的，進而內部瀰漫著合作精神。
領導者的介入，以及如何解決	短視的問題。 這樣的領導者以恐懼的立場回應每種狀況，進而塑造不一致的短期經驗。 領導者需要學會自我覺察，以及發展基本的策略、管理和領導技能。	論斷和不信任的問題。 這樣的領導者自視為專家，並評斷他人的對錯，遂分化人員、組成小團體。 相信人員立意良善，並用好奇心來取代論斷，推動文化從恐懼邁向信任，進而演進到曲線的下一階段。	操縱的問題。 這樣的領導者頗為投入工作，也許太在意自己的議程。 學習不掌控、放下個人的議程，並為群體利益著想。此舉意味著領導者可支持人員轉型為相互依存，並著眼於群體。	自視甚高。 這樣的領導者可能無法在日常工作上，感受到更高層次的意識。例如：無法從自我信念提升到「大師層次」、不聽取意見回饋，或展現不一致的道德標準。 領導者必須保持平衡，腳踏實地聽取意見回饋，如此一來，就不會把一切努力打回原形。
1對1教練或教練式領導如何改善績效	教練模式可培養個人的覺察力和責任感，進而促進關鍵的管理技能。	教練模式能進一步驅動組織的授權和負責，增進靈活度和適應能力。	教練模式能開拓人員的視野，鼓勵協同合作。	利用教練引導出集體績效、合一和社會責任，耐心地、有意識地制訂企業方向，讓人員維持並改善生活與工作的平衡，同時持續培育自我。

是教練的有用工具，可以和學員一起探索普遍的文化風氣和思維，以及讓領導人探索其文化。一旦人們都覺察其目前思維，以及思維和績效之間的直接關係，他們就有機會改變。覺察力的確是治病良藥，我們將在本書的第二部深入探討。

教練思維創造高績效

所以說，教練方法如何創造高績效？我們怎麼知道高績效與相互依存的整合文化有關？如何證明這一切是真的？

　　所有這些問題的答案，都來自於我們和跨國公司客戶合作的成果，並在此和您分享最近的實例。林德集團（Linde AG）是全球數一數二的氣體工程公司，它來找我們是希望在其工廠建立安全績效文化。當我們的團隊看過了林德公司至今的實務運作之後，對其評量自己文化的方式留下很深刻的印象。績效顧問公司長久以來就相信各行各業都必須這樣做，但正如我之前所說，做得到的公司寥寥可數。我們的團隊檢視林德公司為何能在評量文化時做到這種程度，發現答案是：人命關天。

　　林德公司是屬於所謂的「高可靠性組織」（high reliability organization，HRO），也就是：儘管公司的營運涉及複雜且危險的條件，稍有閃失將會帶來災難性、攸關人命的後果，但他們仍努力持續零出錯的績效。可能被認定為HRO的其他類型組織包括：石油公司、航空公司、航空管制局、核能發電廠和石化廠。

　　我們的團隊調查並發現HRO和其他組織已於「安全成熟

度」（safety maturity）領域成果斐然。安全成熟度模型透過評估該組織的安全機制之文化，探討其於安全領域的成熟度。根據福斯特和候特（Foster and Hoult）的說法，目前業界有好幾種模型來對應組織的安全成果，其中，行為成熟度可以分成三到八個階段不等。從教練的角度來看，這每個階段都與人員發展，以及馬斯洛的不同需求層級（見第1章），以及威廉‧舒茲（William Schutz）的「團隊中之人際行為」理論（見第16章）有關。這些階段也和領導者的情緒智商（EQ）水平息息相關。就如同個人，文化也同樣分階段成長。

安全成熟度模型觀察的是安全機制，但認同高威的「內心遊戲」原則的團隊發現，安全作業的面貌，可以反映出組織的整體績效。高威的公式顯示：減少介入就能提升績效；在此，介入指的是恐懼、懷疑、自我批判、限制信念和假設。傳統管理法的發號施令和操縱架構會帶來介入，因為從定義就知道：上司怎麼說，他們就循規蹈矩的去做。在此情況下，人們要發揮潛力的空間有限，而結果就是：績效和幸福愉悅指數都很低下。因此，由上而下的發號施令和操縱法，逐漸被教練式領導風格所取代，進而減少介入、發揮潛力，並提升績效。

「績效曲線」和安全模式的差別就在這裡。我們已轉移了安全績效的焦點，並把它應用於一個關鍵的整體指標上：績效。透過檢視「績效曲線」，組織或個人可以從「這是我組織的文化」，或「這是我創造的文化」的角度，立即掌握自己目前處於哪一個階段。再透過這層覺察，他們將了解要作出怎樣

的改變，以便提升績效。

杜邦公司（DuPont）的布萊德利曲線（Bradley Curve），也許是最知名的安全成熟度模型。聽了它的故事，你將了解組織文化成熟度如何直接影響其普遍績效。在1990年代，化學產業巨擘杜邦公司開始就作業安全性的議題，探討何以特定地區的表現比其他地區來得好。他們的團隊走訪公司全球各地的工廠，每一廠訪問500至1,000位工作人員。他們的調查發現，集團的文化與它的安全維護、生產力和獲利程度直接相關。換句話說，他們發現文化越成熟，績效就越能全面提升。杜邦位於美國博蒙特（Beaumont）的工廠經理維隆・布萊德利（Verlon Bradley），受到史蒂芬・柯維（Stephen Covey）的七個習慣（Seven Habits）的影響，聲稱他在每家工廠找到的行為，都和柯維的依賴、獨立和相互依存的架構相關，並把它們對應到安全績效。柯維的確是商管界的天才，而且能清楚地詮釋高效的領導實務做法，因而發展出一套個人發展的模式。到了2009年，杜邦針對過去10年在41個國家、跨64個產業收集到的資料，進行研究，發現就如同布萊德利曲線的預測，組織安全文化的強盛、受傷頻率和安全績效的持續性，三者直接相關。這個研究調查進一步確立了其之前的研究論證，顯示文化成熟度和組織績效是相關的。

林德公司沿用杜邦的布萊德利曲線，針對全公司65,000位員工進行文化研究調查，發現公司處於該模式的「獨立」區塊。全球健康、安全和環境管理（HSE）部經理詹姆斯・提恩

默（James Thieme）是林德工程團隊的一員，他曾參加我們公開的「高績效教練」研習會，了解教練領導力法則實際上反映了相互依存文化所要求的行為。其後，HSE營建和委任部主管凱爾‧葛蘭西（Kai Gransee）也了解這層關係，同意擔任內部計畫贊助人。接著，他聘請我們與他的團隊合作，將這些行為引進其組織。我們為資深主管特別舉辦了研習會，而經理人和主管則按照個自的學習步伐，參加線上課程，目的都是培育林德人員如何將教練方法應用於安全維護。以下的實例說明相關的實務作業。

從層級模式轉為教練模式，促進學習和負責

在類似林德所實行的**依賴**文化中，人員循規蹈距。經理滿腦子想的是「只要他們聽話照做」，以致於咎責和批判乃司空見慣的事。想到有人做錯事，我們第一個反應是什麼呢？與生俱來的人性傾向於批評和咎責。心理學家約翰‧高特曼（John Gottman）的研究顯示，鋪天蓋地的批評將破壞人際關係。事實上，批評是負面的溝通風格，它就如同聖經《啟示錄》中四騎士的首位騎士，其降世預表世界末日。高特曼的婚姻關係研究就說明了箇中原因：咎責和批評若是慣常且不變的溝通風格，將破壞人際關係，而且此說法的準確度達90%以上。

若組織出現咎責和批評文化，同樣也將阻隔人際關係，並阻礙人員汲取教訓。安德魯‧霍普金斯（Andrew Hopkins）在他的《未汲取教訓：英國石油公司德州煉油廠大災難》

（*Failure to Learn: The BP Texas City Refinery Disaster*）一書中就以2005年英國石油公司（BP）德州煉油廠發生的爆炸為討論重點。該事件奪走了15位工人的性命，傷者超過170人。霍普金斯說：「人性最可笑的一點是：一旦找到可咎責的人，調查事件發生原因的過程也隨之結束。」他補充說明，這樣的結論是錯誤的，因為沒有人知道為什麼這群人要這樣做事。如此一來，人員也無法汲取教訓。在此，我們可以了解，領導者約定俗成的思維如何創造了低績效的環境。

　　他們可以採用「好奇心」這項教練技能，做為咎責的解藥。一旦停止採取類似咎責的行為，恐懼和懷疑自己之類的想法也會減少。為林德進行一般教練原則和實務訓練課程時，我們特別強調批判和咎責這類行為，對於學習會增加干擾；應該以類似「好奇心」和「合作夥伴」的相互依存行為來取代之，以提升人員的潛力。本實例中可以看到，高威的內心遊戲公式如何發揮作用——此舉降低了74%的意外事件發生率，為人員、環境和利潤帶來顯著效益。就「績效曲線」而言，這的確是明顯可見的績效提升。我們的思維每一次朝相互依存邁進一步，都能提升績效。

　　再舉米其林輪胎（Michelin）的例子，說明組織有意識地從依賴邁向獨立的文化，所帶來的效益。他們成功在六個國家的生產工廠實行方案，用信任來取代層級管理。《金融時報》（*Financial Times*）的安德魯・希爾（Andrew Hill）就表示，位於法國樂普維（Le Puy-en-Velay）的團隊成員，現在把他們的

主管稱為「教練」。生產線的團隊主管奧利佛‧杜彭恩（Olivier Duplain）承認，不發號施令如同失去權力，「但團隊的績效，是十倍奉還」。我們毫不意外地看到，公司的執行長盛納德（Jean-Dominique Senard）宣布全集團施行新計畫，要求17國的105,000位員工在賦權和責任的基礎下，工作得更靈活，以便主動回應顧客的要求。

相互依存的思維，就是高績效思維

所以，績效曲線的結論是許多人員發展領域的人已經知道的事實：教練式領導能夠促進高績效文化，因為它能帶領組織思維邁向相互依存。馬斯洛在其「需求層級」中提到的自我實現的條件，也和相互依存有關。史蒂芬‧柯維在《與成功有約》書中也表示：「前瞻未來，我們正走進全新領域。無論你是公司總裁還是清潔工，當你從獨立作業走向相互依存的那一刻開始，你就進入了領導的領域。」

這份邀請，是希望領導者能夠自我提升到領導一個相互依存的組織，並培育人員成長及發揮潛力。啟動相互依存文化之後，組織就能探索每位員工的潛力，改變他們和組織之間的關係。這是教練和組織發展的最大優勢。

然而，我還要提出一個迫在眉睫的問題：為什麼好些組織還沒有主動評量其文化？像林德這樣的HRO組織，他們別無選擇，必須對文化抱持積極的態度，因為，這是攸關生命的

事。我相信未來所有公司都會評量並積極孕育其文化，畢竟如果不能評量文化，就不可能妥善地管理它。

現在你已了解教練對績效的重要性，以及為什麼我會說「教練不僅是教練」。接下來讓我們探討教練原則，也就是打造高績效的態度和行為。

第二部

教練原則

第**3**章
教練需要高EQ

職場上要有好表現，EQ（情緒智商）的重要性是IQ（認知能力）的兩倍。

——丹尼爾·高曼（Daniel Goleman）

教練是一種存在的方式

教練不光是一種必須推動並嚴格應用於特定狀況下的技術，更是領導和管理、待人處事的方法、思維與存在。我期待有一天「教練」一詞從我們的詞彙中消失，成為我們在工作和生活中與他人互動的方式。你也許會問，我為什麼會提倡教練是基本的為人處事的方法？為什麼領導者接受教練訓練，並引進教練技能，建立其教練式領導風格，是如此具有影響力？

轉型教練（transformational coaching）就是EQ的實踐。探索這句話的意義前，請您做個很簡單的練習。想一想，有哪些EQ高的人曾對你的生命帶來正面影響？這有助你了解EQ有多

重要。這個練習是我們在研習會中都會做的，你現在就能體驗EQ對你個人的意義。繼續往下閱讀之前，請寫下你的答案。

練習：體驗EQ

回想你小時候你喜歡的人——不是父母，但可以是祖父母、老師或你的榜樣。當你和這人在一起時：

1. **他們做了哪些事讓你特別快樂？**
2. **你當時有什麼感受？**

想想那人的態度和行為。寫下你的答案。

我在全世界的研討會都會做這個練習，發現各地的人們都幾乎作出相同的回覆。無論是哪個國家或哪種文化，人們想到的個性和素質都大致相同。你可以在以下的清單中找到你自己的答案，或類似的答案嗎？

那個人……	我覺得……
• 聽我說話	• 我很特別
• 相信我	• 被捧在手心
• 要我面對挑戰	• 自信
• 相信並尊重我	• 安全、被關懷照顧
• 抽空陪我並充分關心我	• 被支持
• 對我一視同仁	• 樂趣、熱誠
	• 相信自己

當然還有其他答案，但這些是最常見的。要培養更高的EQ，或作出適當行為，並不是要你在抱持的學術理念下，核對你自己的能力和行為清單。回想你的那位喜歡的人，再比對自己和他們的思維，或在特定情況下的行為，這樣來訓練自己，會簡單多了。他們的EQ很高，可以把他們視為榜樣來學習。再想想以下問題：人們會怎樣說你？你讓人們感覺如何呢？

　　EQ指的是在信任、而不是在恐懼的基礎上與他人建立連結，因此它確實是在「績效曲線」中相互依存的層次，而能夠產生高績效。1995年，丹尼爾‧高曼的《EQ》（*Emotional Intelligence*）一書問世後，使得EQ不光是被人們所接受，更把它當成職場上必備的人格素質。高曼的研究調查指出，高EQ讓領導者的績效更好。調查發現，要培養成功事業，EQ比學術或技術知識重要一倍（66%比34%）。而且這裡是指任何人在人際關係和工作成效上的成功，而不光是領導者。至於在領導者的職位上，EQ在傑出領導者當中的重要性，更高達85%以上。因此每個人都希望擁有高EQ，它是專業教練的先決條件，也是造就傑出領導的關鍵要素。

　　我們可以把EQ視為人際關係的商數，甚至更簡單的說：EQ就是人際關係和社交技能。高曼等人曾針對許多能力下定義，包括自信、感同身受、適應能力、促成變革的能力，並將這些素質歸納成四大領域：自我覺察、自我管理、社交覺察力，以及人際管理。這樣的說法非常直接了當，我們每個人都是這四種能力的組合體。不過，高EQ者比其他人更能體現這

些素質。

EQ是一種生活技能

如果說EQ是如此重要的生活技能，那麼學校應該要培養學生的EQ才對。但今天的學校沒有把它納入課程大綱內，實在是一大疏漏。當然，我們會假設社交技能必須透過與同儕和成人的社交活動而習得，因此不用教，也無法被教導。這種看法完全錯誤。事實上，學校是年輕人透過玩樂、有架構的互動練習和教練方式，來培養EQ的理想環境。

覺察力

一對一教練，或一對多的轉型教練模式，是培養EQ最有效的方法，而EQ已被證明能夠創造高績效。一切都從教練的其中一個關鍵領域（覺察）開始（見圖3-1）。你可能會問：何以見得？因為覺察是具有治癒能力的，也就是說，人類是一種天生的學習系統，一旦我們覺察到某件事，就會機會改變它。覺察力有不同的面向：

● 覺察自己：了解為什麼自己要這樣做

學著找出自己的人性傾向、內在干擾，以及偏見，才能有意識地選擇回應，而不是直接作出反應。由此，我們能夠自我管理，並克服阻礙自己發揮潛力的內在障礙，因而提升績效表

現。

● 覺察他人：撇開績效的表象，觀察他人

學習觀察別人的優點、內在干擾和動機，以便管理人際關係，進而激勵個人和團隊，合作致勝。對同事有好奇心、傾聽他們的心聲，並和他們合作，增進社交技能。

● 覺察組織：對組織文化產生正面影響

學習校準個人、團隊和組織的目標，並發展教練風格，因而引領出高績效、學習和樂趣。

圖3-1 轉型教練就是在實踐EQ

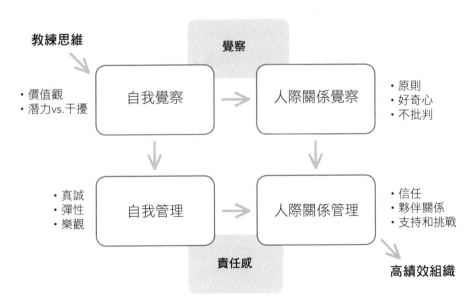

心靈智商

當EQ的影響力擴散開來之後，市面上又出現好幾本書是倡導心靈智商（spiritual intelligence，SQ）的好處。心靈在此指的不是宗教概念，而是作者伊安・米特洛夫（Ian Mitroff）和伊莉莎白・丹頓（Elizabeth Denton）所定義的：「尋找人生終極意義和目的，以及活出完滿生活的基本渴望。」意義和目的是馬斯洛的自我實現層級，也是相互依存思維的驅動要素。丹娜・左哈（Danah Zohar）和伊恩・馬歇爾（Ian Marshall）合著的談心靈智商的書中，引述了一位36歲商人的話，說明他在管理企業時遭逢人生意義的考驗：

> 我在瑞典管理一家大型公司，業績表現良好。我身體健康、家庭美滿，在社區擁有一定的地位。我想這就是大家所謂的「權力」吧。可是我卻仍無法肯定自己一生到底在做什麼。我不確定自己走在事業的正軌。

他說他很憂慮世界目前的狀況，特別是全球的環境變遷，以及社群的分裂。他感覺人們都在逃避真正的問題。像他這樣的大企業家特別感到愧疚，因為他並未面對這些問題。他繼續說：「我想要出一分力，我想奉獻一生服務他人，但我不知該怎麼做。我只知道我想要去設法解決問題，而不是製造問題。」

　　約翰・麥法蘭在本書的前言說：「領導人承擔的責任在於：為員工創造一個令人振奮且安全的冒險旅程，值得他們窮

畢生之力去追尋。」人們希望解決問題，在生命中做些有意義的事。在此前提下，組織可以幫助領導者發展教練風格，來設法達成上述目標。透過一對一教練，外部教練可以協助培育高EQ的領導者。

那麼，領導者或教練究竟需要哪些技能？首先，他們絕對需要發展以下基本技能：提出強效的問題，進而提升**覺察力和責任感**、積極傾聽，以及遵行 GROW 模式。這些我們都會在第三部深入說明。要發揮最高效能，他們需要接受更進階的教練，那會為領導者和教練本身帶來突破性的改變，也引領其組織進入下一個演進階段。進階教練實務並非本書的探討範圍，但我在第五部會介紹我們的進階教練實務研習會，以及說明相關的概念。

我們發現，以下的視覺化練習有助於人們接觸到他們想要成為的領導者類型。他們展望自己未來的領導作風，通常也包括高EQ。你在展望自己未來的領導風格時，包括了哪些EQ的特質呢？不妨先想想，你現在已實現了哪些特質呢？選擇聚焦於其中一項特質，並完全體現在你的工作上。如果想進一步培養自己的教練技能，可以去做附錄的「問題組1」當中的自我教練練習。

練習：視覺化旅程

採取一個舒適的坐姿，雙腳踩地。感覺腳下的地面。轉動肩膀、放鬆肌肉。感覺自己的呼吸，吸氣、吐氣。吸氣的時候，想像自己正在吸入清新的空氣。吐氣的時候，想像自己正把一切擔憂和疑慮都排出體外。像這樣深呼吸三次。

現在想像自己正在一個陽光普照的日子走在大街上。觀察身邊街道的樣子，以及走在路上的感受。不久後，你將碰到對面來的某人。這個人就是未來的你，未來的自己。未來的你已實現夢想，成為一個領導者。這個未來的你正從遠方朝你走過來。你跟他／她打招呼，彼此問候。注意他／她是怎樣問候你的。看清楚這個人。你發現了什麼嗎？他／她有怎樣的行為？你對他／她有何感覺？你想問他／她什麼問題嗎？如果你想問問題，現在就問吧，然後再聽聽他／她的答覆。

現在跟這個人說再見，感謝他／她今天來這裡和你見面。

慢慢重新回到現實。首先把覺察帶回您的坐姿。接著搖晃腳趾和手指。最後返回神清氣爽、精力旺盛的現實世界。活動結束前，把你希望記住的視覺化旅程的細節都寫下來。

指導原則

有哪些指導原則可以協助高 EQ 的領導者，為其人員創造有意義和目的導向的旅程呢？

● **未來的成功領導者將以教練方式領導員工，而不是一味地發號施令和操縱。**維繫人才是當今企業的焦點議題，它牽涉到人們期望如何被對待。規定、指示、獨裁和層級正在喪失吸引力和接受度。好的人才希望擁有更多選擇、責任，以及生活中有更多樂趣，當然工作場所也是。

● **領導風格決定績效，而教練風格締造最高績效。**第 2 章已經討論過績效和領導風格之間的關係。哪個行業不希望提升績效？這是公營和民營組織普遍接受的想法，但大家都在掙扎如何引進和實現其所倡導的行為。在許多情況下，領導者和其追隨者串通抗拒改變，但這樣做對雙方都沒有好處。

● **幫助他人建立覺察力、責任感，最後驅動他們的自我信念，讓這份信念成為未來領導力的基礎。**領導者，根據定義，就是必須每天作出選擇和決策。為了有效達成目標，他們需要這些基本的人格特質。教練能造就領導者，但今天的各行各業、各機構和各國都缺少了領導力。

● **由於公司、甚至是所在國家無法控制的諸多因素，組織之外的環境急遽改變。**全球化發展、即時通訊、金融危機、企業社會責任，以及重大環保議題只不過是幾個顯而易見的例子，還

有許多其他因素。我們需要高領導素質，來面對這些問題，以
及變化莫測的商業環境。

下一章將說明領導者（或主管）的教練角色，以及如何創造高
績效文化。

第**4**章
領導者當教練

領導者要當他的團隊的支持者，而不是一個威脅

教練式領導本身就有矛盾之處，因為領導者傳統上就是擁有支薪、升遷和裁員大權的人。只要你相信明智實行獎懲是激勵員工的唯一方法，這樣的作風也並無不可。然而，為了要讓教練模式發揮最大功能，他／她和學員之間必須建立夥伴關係，彼此信任，感覺安全，承擔的壓力也最少。薪資、升遷、裁員的問題全不在考慮範圍內，因為這些因素只會阻礙這層關係。

領導者也可以當教練嗎？

所以說，領導者也可以是教練嗎？可以。但如同上一章的討論，教練應展現高 EQ 和素質，也就是：感同身受、誠信、平衡，以及在大部分情況下，願意用基本上就不同的方法，去對待員工。教練式領導者也必須自闢蹊徑，因為可追隨的榜樣不

多，也可能會被一些員工排斥，懷疑他/她為什麼要偏離傳統的管理風格。他們可能會害怕承擔潛藏於教練式領導中的個人責任。事實上，我們預期會出現這些問題，而教練模式也可以輕易排除他們的疑慮，但我們需要展現完全不同的行為。

傳統管理法

我們很熟悉的兩極化管理法，其評量標竿的一邊是獨裁，另一邊則是自由放任，期待別人有最好的表現。如圖4-1所示，傳統管理法處於績效曲線的依賴和獨立階段。

圖4-1　傳統管理法

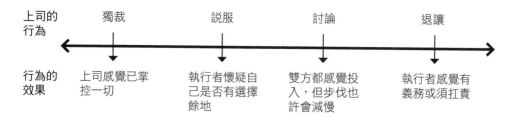

獨裁

我小時候如果沒有遵從父母的吩咐，他們就會責罵我。在學校如果違抗老師的指示，他們會鞭打我。從軍後，士官長下達的命令，我一律聽從，不然只有上帝能幫我！我剛踏入職場時，上司告訴我該做些什麼。所以，我到了某個階級的職位後，我會怎麼做？沒錯，我告訴下屬怎麼做，因為我的榜樣是這樣做

的。大部分人的職業生涯都是這樣，也就是從聽令中長大，而且也擅於此道。

　　下達命令或獨裁的魅力在於：除了這是快速容易的方法外，下令者會心生操縱感。然而，這是錯誤之舉。獨裁者會讓員工感覺沮喪，打擊他們的士氣。可是員工表達不滿或提出意見回饋，上司再怎麼樣也不會接納建言，結果是：員工面對下令者時會唯命是從，卻背地裡做些反其道的行為，心存不滿不在話下，更影響績效，把不佳表現怪罪於工具，甚至從事破壞行為。除了控制，獨裁者什麼都沒有。他們只是在自欺欺人。

　　傳統的命令管理法還有一個致命傷：回憶度（recall）。簡單來說，我們很難記住被告知的事情。圖4-2的矩陣是一個常被引用的訓練結果，由於它與我的論述相關，在此略述。

圖4-2　訓練後的回憶度

	被告知	被告知和展示	被告知、展示和體驗
3週後的回憶度	70%	72%	85%
3個月後的回憶度	10%	32%	65%

IBM前一陣子曾進行相同的調查，更透過其他研究，確認其結果。他們把一群人分為三個小組，並用三種不同的方法，教導他們一些簡單的道理。結果一再顯示，成人最好的學習方法是透過體驗。我們特別注意到一個問題：如果一味告訴人們要怎麼做，他們的記憶力會急遽下降。

記得有一次我向幾位跳傘教練展示此圖表，他們都很憂慮，因為他們只能用說的方法，告訴學員如何因應緊急事故。其後他們立即修改教學制度，以免面對一墜不起的降落！

說服

如果我們從傳統管理區間往右移，就來到推銷或說服區。這裡的上司把構想說出來，企圖說服我們它有多好。我們一定不會反駁，而且會含笑實行。這樣做儘管有些虛假，但也許會好一點，表面看來也比較民主。但確實是這樣嗎？我們最後還是聽話照做，而且他們也不會想要聽我們的意見。這和獨裁沒有太大差別。

討論

再往右移一個區間，就到了討論。此區提供了完整的資源，而好主管也許會願意走一條並非自己選擇的路，大前提是這條路必須指向正確的方向。大衛・海莫里（David Hemery）的著作《運動卓越》（*Sporting Excellence*）裡有一段已故英國工業家哈維・瓊斯爵士（Sir John Harvey-Jones）的訪談，內容是關於

團隊領導力。瓊斯說：

> 假如大家所走的方向和我不同，我會從善如流……事情開
> 始進行之後，你反正還可以改變方向。我也許會發現他們
> 是對的；或者他們明白自己走錯路了，然後轉頭朝我想要
> 的道路前進；或者我們可能都了解，應該要走第三條路。
> 在業界，你只能隨著心與大腦前行。

充滿民主色彩的討論儘管引人入勝，卻也可能曠日廢時，導致
猶豫不決。

退讓

區間的遙遠一端，則是把一切決定權都交給下屬，讓每個人都
有選擇的自由，而主管自己則可履行其他職責。然而此舉對雙
方都會造成不小的風險。主管放棄了他的職責，雖然到頭來責
任歸屬還是在他；下屬則可能因為不了解任務的許多層面，因
而表現不佳。主管有時會基於好意而退後一步，希望迫使下屬
學習承擔更多責任，但是，這個策略往往行不通。若下屬覺得
被迫承擔責任，而不是出於自己的選擇，那麼他會比較不願意
為任務做主。主管雖然希望他能自動自發，他的績效卻無法展
現主管的一番好意。

教練式領導

大部分主管會把自己定位在這些極端之間，然而，教練的位置

則是在完全不同的層次。它結合了區間兩端的好處,卻毫無風險(見圖表4-3)。

為了回應主管的教練問題,下屬會去清楚了解任務的每一個層面,以及需要採取的行動。這種清楚的情況會讓他有能力看到成功在望,也因此選擇負起責任。主管聽著下屬回答他提出的教練問題,不僅可以知道行動計畫,還能了解下屬的思考方式。因此,比起單純告訴學員該怎麼做,主管現在更能掌握整體狀況,而且雙方更能緊密連結。教練的對話和關係只有支持,絲毫不具威脅性。因此,即使主管不在場,下屬的行為也不會改變。教練模式讓主管擁有真實而非幻想式的掌控,而下屬也負起真實而非幻想式的責任。

圖4-3　教練式領導的方式

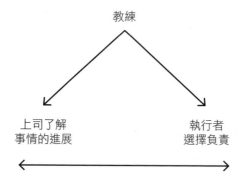

領導者的角色

上述討論所引導出來的問題是:「領導者的角色是什麼?」許

多主管發現自己老是扮演救火的角色，拼命把工作完成。他們承認自己沒有足夠的時間制訂長期計畫、創造願景、綜觀全局，研究替代方案、競爭對手、新產品等等。更重要的是，他們無法花時間讓下屬成長。他們送員工去上一、兩個訓練課程，然後騙自己說，這樣就夠了。但是這些成本的投資報酬率卻很低。

領導者的任務很簡單：完成工作，以及培育員工。但是時間和成本壓力限制了後者的實行。教練模式是能夠一石二鳥的做法。

接下來你會問：主管如何抽出時間來教練員工呢？與教練相比，獨裁是快很多的做法。一個詭譎的答案是：假如主管確實去教練員工，那麼有所成長的員工就能承擔更大的責任，主管也就不用救火，而有更多時間做教練的工作，以及處理那些只有他有能力面對的問題。因此，這個培養員工的工作，並不只是毫無附加價值的理想主義，而是開明的利己作風。當然，有時候所有人都忙得不可開交，管不了什麼教練或豪言壯語，但身處一個注重人才的文化裡，教練模式是很有價值的。

很多企業主管經常問我，他們何時該進行教練，或至少要決定是要用教練模式或發號施令。答案很簡單：

● 若**時間**是特定情況的首要因素（例如：眼前發生危機時），最快的方法也許就是自己來，或是明確告訴人們該怎麼做。但注意，這只是短時間內節省時間，長期這樣做，會讓別人產生

依賴感。

● 若工作成果的**品質**至關重要（例如：制訂完整詳盡的報告），那麼教練出高度的覺察與責任感，也許最能達成目標。

● 若發揮最大**學習**效果是首要因素（例如：某人首次做某事），顯然教練模式可以讓學習和學習效果最大化。

● 若必須要求員工接受和作出**承諾**（例如：施行一項服務改善方案），那麼教練模式將比下命令更能發揮顯著效果，因為後者只會造成遵循、抗拒和缺乏責任心的結果。

● 若**工作投入度**和人才維繫很重要（例如：高潛力員工、千禧世代），教練模式是最有效的方法，能將個人的理想、需要和期望與組織任務校準，因而為員工創造出意義和目的。

在職場上，大多數時候都會同時牽涉到時間、品質和學習。悲哀的是，絕大部分的工作，時間都會重於品質，而學習更是落居最後。主管總是很難不去下達指令，員工績效也只是差強人意，無法達成既有標準，這個結果很令人驚訝嗎？

　　若主管依照教練原則進行管理，他們不僅可以用較高標準完成任務，也能同時培育員工。一年250天都可以順利工作，培育每一位員工。這聽起來好得如同幻想，然而這正是教練式領導確實做得到的事。

在工作中培育員工

我們每天都有機會在工作中培育員工。我們來看看以下例子。一位名叫蘇的員工正在做一件工作，那是她一週前和名叫毛的經理討論並達成協議的。現在她有一個問題，打算和經理商量：

蘇：我按照我們說好的方法做，結果行不通。

毛：試著用這個方法做吧。

上述對話沒有教練發生。蘇依賴經理的答案，經理只是在塑造依賴文化。根據教練的相互依存原則，以下是另一種做法：

蘇：我按照我們說好的方法做，結果行不通。

毛：我知道妳想過很多方法，希望能把事做好。妳認為最可行的下一步是？

蘇：我可以回頭看看是被什麼事卡住，也許會有新發現。

毛：好啊，這樣做聽起來很合理。還有什麼其他問題嗎？

蘇：目前沒有。但如果還是行不通，我想我們要回頭看一下原先的計算過程。

毛：這樣很好。妳做得到的，蘇，即使妳覺得自己做不到。我知道妳可以搞定的。讓我知道進度吧。

第二天早上，經理和蘇查核進度：

毛：情況如何？

蘇：還不錯。我發現這是個時間的問題，現在我知道要做什麼，讓它順利進行了。

毛：太好了！是妳的決心和細心解決問題的。一切努力都是值得的。接下來呢？

蘇：只要說服山傑夫盡快改代碼，但我知道他現在很忙。

毛：妳覺得要怎樣說服山傑夫優先處理這件事呢？

蘇：你來跟他說。

毛：不如妳先跟他談談？我感覺妳比妳想像的更有影響力。我們午餐之前再來看看進度吧。

蘇：好的，我試看看。

午餐前，蘇向經理回報進度：

蘇：我請山傑夫直接改代碼，現在已經沒問題了。

毛：太棒了，蘇。做得好。妳是怎樣跟山傑夫說的呢？

蘇：我問他可不可以幫忙，然後解釋一定要今天改代碼的原因。

毛：這次請山傑夫短時間內完成工作，和妳之前幾次請他這樣做，之間有什麼差別呢？

蘇：我請他做，而上次是跟他說他一定要做。就這麼簡單。

毛：做法簡單，效果卻非常好。妳在這整個過程中學到了什麼呢？

蘇：事情越簡單越好，不要假設別人會怎麼想或怎麼做。

第6章我會再舉例，說明主管如何運用教練的兩個關鍵原則：覺察力和責任感。在以上的互動中，經理沒有責怪蘇或生氣，而是幫忙她解決問題，相信她的能力，以及從經驗中學習。

　　此外，毛也要求蘇主導和同儕建立更密切的關係，有助於建立相互依存的高績效文化。

教練模式的應用

我們應該何時於何處運用教練模式，以及目的為何？如前討論，教練模式是在工作中培育員工，而教練思維則是一種存在的方式，因此無論你正在做什麼工作，都與你息息相關。下一章你將更了解教練思維：也就是被教練者和你是平起平坐，也有能力克服障礙、展現潛力。培養這套思維後，無論要討論的主題為何，你都能誠懇和被教練者溝通。

　　在以下場合，你可以運用教練模式，提升你們的對話品質：

- 目標設定
- 策略規劃
- 建立工作投入度
- 激勵和啟發
- 授權
- 團隊合作
- 問題解決
- 規劃和評核
- 團隊和人員培育
- 生涯規劃
- 績效管理
- 績效評核
- 意見回饋和評鑑
- 建立關係

清單還可以更長。你可以用已妥善架構的傳統方法來做，或是
運用教練式領導。若採用教練式領導，請留意：表面上看來你
們之間的對話再正常不過，而且也不會用到教練一詞。這一點
更具滲透性，也許也更重要，因為領導者必須持續覺察教練的
原則，並且在日常工作中和人員互動時應用這些原則，才能在
工作中培育人員。下一章就來探討這樣的教練風格。

第5章

教練風格：
夥伴關係和協同合作

夥伴關係和協同合作可以培養自信和自我管理的團隊

先讓我們來談談你需要的基本的教練工具。教練模式的主要特色是夥伴關係（partnership）和協同合作（collaboration），這和發號施令與操縱是背道而馳的。教練是平起平坐的人彼此的對話。國際教練聯盟把教練定義為：「夥伴們展開發人深省的對話，以及創意的流程，進而發揮最大的個人和專業潛力。」如此一來，教練思維可以立即創造出互相依存的文化，這跟傳統管理法所創造的依賴文化大相逕庭。此外，教練也能「少做一點事，卻坐收更多效益」，因為領導者若學會如何透過夥伴關係和協同合作，全面釋放員工的潛力和智慧，他們自然就能卸下重擔，無需不斷地提供所有問題的答案、孤單一人掌控事業的船舵。曾參加我們教練研討會的企業領袖表示：他們感覺如釋重負，壓力也沒那麼大了。

教練的精神

教練是源自於一種精神，也就是相信自己和他人的能力、機智和潛力，而能聚焦於優勢、解決方法、未來的成功上，而不是缺點、問題或過去的績效。教練式領導要求你以人性（而非任務）為出發點與他人連結，以及不再認為領導者是必須告訴每個人該怎麼做最好的「專家」。教練的基礎是信任、相信、不批判；它是一種非如你想像的「最佳實務」之文化，當中講究學習的樂趣，以及將「失望」定義為「建造」或「機會」。它是萬事皆可能的地方，而協同合作是促成這一切的終極推手。

思得力保安科技公司（Securex）的執行長路可‧迪佛朗（Luc Deflem）曾參加我們公開的「高績效教練」研習會，他說：「它改變了我們工作，以及身為人類的互動方法。你的人際關係能力變得非常強，也徹底改變了行政管理層的互動模式。」

本章將說明一些基本概念，說明夥伴關係和協同合作的教練思維如何形成和維持。

自動自發

動機的祕密在於：它是每位企業領袖迫切想要尋找的聖杯。而類似胡蘿蔔加大棒（carrot and stick）的象徵式外部激勵要素，其效率則越來越低。沒有領袖會懷疑自動自發的好處，但強迫他人去自動自發，本身就是很矛盾的事。因為個人動機是

一種心態，那是最高決策長官也遠遠觸及不到之處。

　　自從人類開始工作，就選擇用威脅和獎勵，來讓別人按自己的意願做事。恐懼是非常有效的激勵因素，同時也沉重地壓抑創意和責任感。在奴隸制度之下是只有大棒，沒有胡蘿蔔的。胡蘿蔔讓人表現更好，但只能好一陣子。如果我們把人看作驢子，用養驢子的方法對待他們，他們的表現自然像頭驢子。我們已經試著把胡蘿蔔洗乾淨、烹煮它們，還用上比較大根的胡蘿蔔；另外，我們也試著把大棒加上護墊，或甚至把它藏起來，假裝我們沒這玩意兒，直到我們再次需要它。這樣做，績效有所增進，但只是好一點點而已。

　　發生全球金融危機之後，勞工必須面對薪資凍漲，以及升遷級機會有限的困境。經濟衰退期間，穩住工作是許多人期望的最好狀況。我們迫切需要表現得更好，因為上司快發完胡蘿蔔了。因此，若激勵制度無法達成我們的期望，我們必須從根本上改變對於激勵、動機的看法。換句話說，若人員希望有所表現，就必須有自動自發的動力。抱持教練思維的領導者將會使它成真。

　　組織如果要塑造員工都能自動自發的真正協同合作文化，領導人必須相信每個人都是有能力且資源充足的。這樣的文化容不下「我是上司」的想法，或傳統的最佳實務概念：我知道你應該參考我或其他人成功的模式，我們怎麼做，你就怎麼做。協同合作和「我是專家」或「這家公司就是這樣做事」完全不相容。美國的跳高選手迪克・福斯貝里（Dick Fosbury）

得以全面發揮潛力，是因為他的教練沒有堅持他必須遵行「最佳做法」。福斯貝里小時候就發現用「背滾式」跳高法，比傳統的跨跳技術跳得更高。在他1968年贏得奧運金牌後的十年，剪式跳高漸漸被認為是過時了，而大部分的奧運跳高選手都使用「福斯貝里背滾式」（Fosbury Flop）。

相信潛力

身為教練或領導者，你的大部分效率是植基於對人類潛力的信念。「讓某人達成最佳表現」及「你未被發掘的潛力」等說法，暗示這個人還有更多尚待發掘的潛力。除非你相信人們擁有比現在展露的更多能力，否則無法幫助他們表現出這些能力。領導者必須從員工的潛力去思考，而不是從他們過去的表現。因此，大部分的評鑑制度都存在嚴重的缺失，人們無法擺脫被評鑑的命運，不管是來自自己的省察，還是來自他們的主管。

我們對於他人能力的信念，會直接影響到他人的表現，這一點在教育領域已經數次由實驗所證實。實驗者告訴老師，他們所分配到的學生是有學習障礙的學生，或是可以領獎學金的優等生（其實他們只是一群資質普通的學生）。接著他們制訂課程，並教導這群學生一段時間。最後的測驗顯示：學生的成績確實反映出老師對其能力的錯誤信念。同樣的，員工績效也反映主管對其能力的信念。為達成充分的協同合作，你需要看到人們的潛力，而不是他們過去的表現。

建立信任文化

我曾提到領導者認定員工的潛力，並用這樣的態度對待他們的重要性。同樣重要的是，人們了解他們自己的潛力，並相信自己。我們都認為自己某種程度上可以做得更好，但我們真的知道自己能做到什麼嗎？我們多常聽到或表達類似「她比她自己想像的有能力多了」的評論？

舉例說明：佛萊德覺得自己潛力有限。他在畫地自限的範圍內工作時，才會覺得安全，就好像為自己設了一個防護罩。他的主管露芙只會派他做防護罩內的工作。她指派他做任務A，因為她有信心佛萊德能做好到這工作。她不相信佛萊德能做任務B，因為她認為這已超出佛萊德的能力範圍。如果她把任務B交給更有經驗的珍來做，這是方便且合理的安排，但她將會強化或證實佛萊德的防護罩之存在，進一步增加它的堅固和厚度。為了協助佛萊德走出防護罩，露芙必須敦促他面對任務B的實際挑戰，並支持或教導他成功達成任務。她必須忍住覺得佛萊德能力有限的念頭，相信他比過去經驗顯示的更有能力。

發展你的EQ及信任別人的能力，談的是你如何看待自己和他人的**潛力**，以及如何面對妨礙自己或他人充分發揮潛力的**內在和外在障礙**。

請您思考以下三個發人深省的問題。繼續閱讀之前，請寫下答案。

練習：什麼事情阻礙你發揮潛力？

---

1. 你在工作時，只使用了多少潛力？請你自己想想，寫下百分比。
2. 什麼事情阻礙了你發揮全部的潛力？
3. 阻擋你展露潛力的主要內在障礙是什麼？

在工作場合，人們平均可以展現多少百分比的潛力？

針對第1題，「高績效教練」研習會學員的回答，從個位數到80%以上都有，但平均的回答是40%。

　　我們也請他們回答為什麼他們能得出這個數字。最常見的三個回覆是：

- 我就是知道自己可以更有生產力。
- 要看人們面對危機的應變能力而定。
- 舉一些人們在工作場合以外能做得很好的事。

有什麼外在和內在的障礙，阻擋你展現其餘的潛力？

最常被提到的外在障礙是：

- 組織/領袖慣用的管理風格。
- 缺乏鼓勵和機會。
- 公司嚴格控管的架構和實務做法。

普遍而唯一的內在障礙永遠是不同類型的**恐懼**：害怕失敗、缺乏自信、自我懷疑以及缺乏自我信念（見圖 5-1）。我非常相信這樣的內在障礙的確存在。至少對我來說，是千真萬確的存在。人們傾向於在安全的環境下坦承自己的恐懼。若人們理解缺乏自信之類是真實存在的，那麼它們就是心理障礙。在此情況下，我們合理的反應是努力建立員工的自我信念，而教練就是特別為此而生的方法。然而，許多商業人士卻無法因應這種管理行為的改變。他們情願期望、尋找、付費購買，甚至是等待技術或結構上的修正，而無論人性或心理績效的增進是多麼直接了當的做法，他們就是不採用。

圖 5-1　潛力

我們通常展現了多少百分比的潛力？	**40%**
阻擋你發揮潛力的主要內在障礙是什麼？	**恐懼**

教練的思維

要做個成功的教練，你必須用非常樂觀的態度，面對所有人潛藏的能力，這就是我說的**教練思維**。假裝自己是樂觀還不足夠，因為你會在許多微秒的地方洩露真正的信念。要建立他人

的自我信念，你必須改變對他們的想法，並在過程中放棄控管他們的欲望，也不再讓他們覺得你的能力高人一等，進而讓他們變得獨立自主。你可以為他們做的一件最好的事情是：幫助他們不要依賴你。畢竟孩子最印象深刻和開心的時刻往往就是在技能遊戲中打敗了父母。因此，早期的父母偶爾也會讓孩子得勝。他們希望孩子的能力比自己強，也會以此為榮。領導者也會因為團隊成員卓越的表現而備感驕傲！你只會因為團隊有更佳績效，以及看到他們的成就、幫助他們成長而有所得益。但是，你也許會害怕失去工作、權力、信譽或自我信念。

用教練思維協助人們探索自我信念

對需要建立自我信念的人來說，除了累積成功經驗外，他們還需要知道所有的成果都是歸功於自己的努力。他們也需要知道別人相信他們，信任、允許、鼓勵和支持他們自行作出選擇和決定。這表示把他們視為平起平坐，即使他們的職位較低。這不代表透過言語或行為庇護、指導、忽略、責怪、威脅或詆毀他們。遺憾的是，職場上可以預期和被認可的領導行為大多含有上述這些負面行為，進而有效貶損了下屬的自我信念。

即使不是透過你的言詞，你認為某人是怎樣的人，都會從你的態度顯露出來，並造成影響。在這方面，麥拉賓（Albert Mehrabian）的研究結果是最知名的。針對人們的話語溝通和透過身體、語氣、臉部表情和動作的有效性比較，他提供了比較紮實的統計數字。他發現談到感受和態度：

- 7%的訊息是透過說話表達。

- 38%的訊息是透過說話的方式表達，例如：語氣和節奏。

- 55%的訊息是透過臉部表情表達。

想要體驗不同的思維，試做以下練習。

練習：體驗不同的思維

找一個讓你可以安靜三分鐘的地方。

　　在腦海中想一個跟你有例行合作的人，然後試著輪流運用以下三種思維。盡可能在每種思維之中停留得夠久，再換到下一種思維。留意它所喚起你的每個反應。

1.「我覺得這個人本身就是個問題。」
2.「我覺得這個人有問題正困擾著他。」
3.「我覺得這個人正在學習，他／她有能力、機智，且擁有充分的潛力。」

在不同的思維裡，你注意到了什麼？
它們在你身上引發了哪些不同的感受或情感？
在每種思維中，你對他／她的潛力抱持了怎樣的信念？
你的態度有什麼改變？
你每天傾向於運用哪種思維？

幾乎所有的人際互動都牽涉到某種感受和態度。對於領導者的

溝通，我們特別會去搜尋情感和話語背後的意義，因此覺察自己的感覺非常的重要。接下來你需要擺脫對人生與生俱來的懷疑或悲觀，培養正面的看法。

首先，你可能要把選擇一種思維，想成是選配不同顏色的眼鏡。用個人的有色眼鏡看他人、我們自己和這個世界時，你需要看的不僅是一種顏色，而是許多不同的顏色。有很多顏色來來去去，但有些顏色似乎恆久停留。一旦發現這個真理，你就能掌控局面、自我管理，以及有意識地作出運用教練思維的決定。

我建議你選擇這樣的思維：**他/她是有能力、機智，且擁有充分的潛力。**這是教練思維的精髓。它將會建立他人的自我信念、自動自發，並驅動他們成長。抱持教練思維後，就能教導他們作出有力的選擇，享受達成績效和成功所帶來的樂趣。

教練長期的基本目標就是：無論要達成怎樣的任務或解決什麼問題，都要建立他人的自我信念。若領導者依此原則持續採取確實的行動，他們將對人際關係和績效的增進大吃一驚。不妨思考一下如何建立團隊成員的自我信念。

意向

你可以有意識地促進工作關係、會議、或專案的成功的另一個方法，是透過刻意而為。無論你是希望和同事或整個團隊快速對話、規劃正式的教練課程、或進行績效檢討，都要把你開會

的意向（intention）設定清楚。為會議的成果設定清楚的意
向，將正面影響其成功。可以把意向定義為：若途中無障礙
物，你夢想會發生些什麼事。重要的是設定清楚具體的意向，
因為它們將是教練的基礎和指引。以下將練習此技能。

練習：設定你的意向

開會前花兩分鐘獨處，設定你的意向。請回答下列問題：

● **如果會議的結果好到超出你的預期，你認為發生了什麼
事？**

捨棄你對會議、你的人員或自己設下的任何限制，允許自
己「夢想」達成你所能想像的最佳成果。把焦點放在正面
成果，並清楚把它表達出來，你就為這個會議設定了你的
意向。會議後再檢視這個意向，注意它是否出現在你的會
議裡。練習此方法，讓它成為你的工具箱裡自然會運用的
元素。

有意識地達成工作協議

當你有意識地塑造工作環境，你會更有生產力和創意，以及更
棒的團隊合作。夥伴和協同合作的工作關係，需要建立在擁有
清楚的期望，以及有意識地達成協議的基礎上，而不是約定俗

成地要求成員一定要這樣做。展開新專案或新工作關係前，也許你該停下腳步，以釐清職務、責任、共同目標和達成最佳工作協議。有意識的夥伴關係說明合作之道，並以清晰的意向創造成功局面。開展工作關係時就有意識且刻意地塑造良好的合作關係，將可帶來協同合作和創造高績效必備的尊重、信任和協議。

若任務的期限緊迫，我們往往希望略過這整個流程。要求你一開始就思考和刻意建立關係，你可能會覺得不耐煩。這是正常的反應，因為人性本來就傾向於馬上動手工作。然而，多做幾次之後，你反而會因為沒有這樣做而坐立難安。

每個人都對事情本身「應該」是怎樣的面貌有其定見。若你不在團隊裡和大家一起討論，成員也許會對你產生負面的看法。和新成員或你已經合作的某人試做以下練習，藉此重新建構彼此的關係，並注入更良好的互動要素。也可以和你的小組一起做這個練習，以建立更有效的團隊。欲檢視完整的問題，請參閱本書最後的「教練問題工具箱」（問題組 2）。

練習：有意識地設計你的工作協議

探討下列問題：

- 對於我們的合作，你有怎樣的夢想、期待怎樣的成功？
- 又會出現什麼樣的惡夢／最惡劣狀況？
- 達成夢想／創造成功的最佳合作方法為何？

- 我們需要注意些什麼事，避免惡夢/最惡劣狀況發生？
- 我們需要彼此給予哪些許可？
- 一旦出現困難，我們要如何解決？

這是個很有彈性的工作協議，重要的是隨時檢視進度，跟進以下事項，再次探討和建構協議：

- 什麼東西有用？什麼東西行不通？
- 我們需要如何改變，以促進更有效、更有生產力和正面的關係？

許可

維繫協同合作關係的另一個關鍵要素是許可（permission）的運用。它能建立信任和自信，尊重個人的感受性、專注，並避免造成誤會。

當你和你喜歡和信任的人說話時，你傾向於自然而然地在言語和肢體語言中表達許可，例如這樣提問：「我們何不這樣做試試看？」如果你和有衝突或備受威脅的人談話，許可就很可能消失，你可能會說：「我認為我們應該這樣做。」

許可是包含在有意識的工作協議中，但也是教練過程中的重點。通常你會想到一些好建議，或是可以提供寶貴的經驗供參考，但是基於人類的天性使然，你通常會說：「你知道嗎？

你該做的是⋯⋯」或者是「我曾經發生過相同的問題，我是這樣解決它的⋯⋯」。請把這個衝動先壓下來，先取得發表看法的許可：「如果我分享以前我的成功經驗，你覺得這樣是否有幫助？」

　　尋求許可的另一個好處是：讓人停下腳步，聽你想說的話，特別是在開會的時候。提出簡單的問題：「我可不可以補充說明？」可以讓會議室充滿期待的氣氛，因為：

● 你透過尋求許可，把對狀況的控制權交給別人。
● 你藉由補充說明，支持別人所說的論點。

若你的員工並不熟悉教練風格，在你改變風格前先取得他們的許可，會有助他們接受新風格：「我打算對我們的工作方式，採用一種新的教練法則。你會發現一個改變：我會問更多問題，以便了解你的想法。準備好試試看了嗎？」

　　請參閱本書最後的「教練問題工具箱」的問題組3，看看尋求許可的諸多不同方法，可以用在你和屬下建立夥伴關係的時候。在你提出新想法或提出個人經驗和觀點時，若是牽涉到其他人，請務必取得許可。這是維繫信任和彼此關係的好方法，更重要的是，讓關係保持平衡。

好奇，不批評

有些組織可能會把協同合作當作口頭禪。一旦工作變得艱鉅，

人們還是會重回批評和咎責的態度。本書第 2 章已說明這樣會如何摧毀任何一種關係。不過批評也有解藥：好奇心。心生好奇而不是去批評，可以確保情況困難時，夥伴關係和協同合作都不會偏離正軌。好奇心還有許多好處。好奇曾經發生的事，你能對和你合作的人培養出全新的觀點。此舉讓雙方都能學習、發現彼此的背景，最終能調整彼此的步伐。我將在本書稍後部分探討此觀念，特別是第 13 章，說明分享對於績效的觀點，是意見回饋和不斷學習的關鍵要素。但不光是評斷他人績效才是問題。你會常常聽到別人（也許是你自己）這樣說：「我是自己最糟糕的批評者。」人們批評自己的時候，往往比批評別人苛刻十倍。能夠辨認和管理自己內在的批評聲音，或者如高威所說的「在自己腦袋裡的那個對手」，這是教練的重點。在沒有批評咎責的環境下，你可以從錯誤中學習，也會願意伸展個人的觸覺。教練的精神是正面而且富於啟發的：它強調至今做得不錯的地方、現在和過去的學習有何不同之處，以及走向美好未來的最佳途徑。

　　論斷、批評和糾正讓人築起自我防禦的高牆，而這些做法往往伴隨著咎責而來。對論斷和咎責的恐懼感，是阻礙協同合作和高績效的關鍵因素。第 11 和 13 章將深入探討如何停止論斷和尋找犯錯者，並改採取描述和客觀的心態。

　　至今我已討論教練和 EQ 之間的關係，並定義何以教練風格能有效建立自我信念，以及激勵個人釋放潛力的原因。下一章將探討驅動高績效的基本教練原則：覺察力和責任感。

第6章
覺察力和責任感：啟動學習

建立覺察力和責任感是良好教練的精髓，
可促使人們啟動與生俱來的的學習能力

在任何活動中，覺察力和責任感無疑是兩項最重要的特質。我的同事大衛・海莫里是個400公尺跨欄選手，也是1968年的奧運金牌得主。他研究過63位頂尖運動員在20多個不同運動項目中的表現，寫成了《運動卓越》（*Sporting Excellence*）一書。雖然每個領域都大不相同，覺察力和責任感始終是最重要的態度，每個領域都如此。再者，無論是哪個領域，執行者的態度和心境，都是績效的關鍵。讓我們來深入探討一下。

成功的心態

過去的運動教練，其努力的方向都是技術能力和體能訓練。大家並不認為心態是重要的，因為那是運動員與生俱來的，教練

基本上不能有什麼作為。錯！教練可以，而且也確實能夠影響選手的心態。然而，他們大多是在不知不覺中，運用他們專橫的手段，對運動員造成不良影響，而且只執著於技術。

這些教練都只是告訴運動員該怎麼做，因而否定了後者的責任感；他們告訴運動員自己的所知，因而否定了他們的覺察力。這些教練壓抑責任感，扼殺覺察力。今天，一些所謂的教練仍然這麼做，許多領導者也是如此。他們對運動員或員工的成就有所貢獻，但也使其限制重重。問題在於：他們也許還是可以從下屬身上得到合理的成果，因而未能激勵下屬嘗試去做一些其他事，也從來不知道或不相信其他方法可以讓他們取得什麼成果。

近年來，運動場上已有很大的變化，大多數頂尖球隊都開始聘請運動心理學家來為運動員進行態度訓練。然而，假使舊的訓練方法依然故我，教練會不自覺地讓心理學家的努力付諸流水。要培養和鞏固運動員的理想心態，最好的方式就是藉由日常的訓練過程，培養他們的覺察力和責任感。這需要改變教練的方法，從教導轉型為真正的教練。短期來看，培養覺察力和責任感的教練方法能夠達成任務，長期則能提升生活的品質。

教練不是解決問題的人，也不是輔導員、老師、顧問、指導員，甚至不是專家。教練是傳聲筒、督導、提高覺察者、支持者。這些字眼應至少能幫助你了解這個角色代表的意義。

覺察力

教練的第一個要素是**覺察**，它是你集中注意力、聚精會神、頭腦清晰，就會產生的東西。讓我們看看《簡明牛津詞典》（*Concise Oxford Dictionary*）對覺察（aware）所下的定義：「神智清醒、非無知、有知識。」我更喜歡《韋氏字典》（*Webster's*）的補充說明：「覺察指的是：機警觀察或詮釋他人所見所聞與感覺後所得到的知識。」

> 我只能掌控我所覺察到的事物。我無法覺察的事物卻掌控著我。
> 覺察使我產生力量。

提升覺察力是教練原則之一，因為你只能對覺察到的事物作出回應。若不知不覺，你也無法回應。就如同高威在他的書《比賽，從心開始》所提出的，覺察力將啟動我們天生的學習能力。覺察是第一步。

　　覺察是沒有限度的，就像我們的視覺或聽覺，它們都可能有好有壞。但是覺察和我們的視覺或聽覺不同之處在於：後者的常態都是好的，但我們日常的覺察卻時常不太好。放大鏡或揚聲器就可以把我們的視覺或聽覺的門檻提升到一般水準之上。同樣的，藉著集中注意力與練習，覺察力也可大幅提升，而不需要去街角藥局買藥吃！提升後的覺察力會讓你的認知比一般人清晰，就像放大鏡一樣。

　　職場上的覺察力也包括視覺和聽覺，但它還包括更多。它

指的是：收集和清楚認知相關的事實與資訊，以及能夠判斷什麼才是重要的。這樣的能力包含對體制及其動力的了解、對事物與人的認識，還需要懂一點心理學。覺察力也包括自我覺察，特別是認清什麼時候情緒或慾望會扭曲了自己的認知，以及如何扭曲。

比方說，如果你起床就覺得心情不好，你可能到了辦公室都還帶著「負面情緒」，臭臉對待同事。相對的，你的同事也會對你不好，搞壞了彼此的關係。不過你可以採取完全不同的做法，也就是覺察到自己的壞心情，選擇把它放在一邊，不要把痛苦傾注到同事身上。

覺察，可以增進技能

在培養身體方面的技能時，對身體感受的覺察是很重要的。例如：在大多數運動項目中，最能夠影響身體效能的方法，就是運動員在活動時，要漸漸學會覺察自己身體的感受。大部分運動教練都不太清楚這點，他們只是不斷加強外在的技巧。當動感的覺察力聚焦於一個動作，那個動作所造成的立即不適與相關的效率不彰都會隨之降低，而且不久就會消失。結果是一種較為流動且有效率的形態。這有個重要的優點：它是針對運動員個人的身體狀況，而不是運動教練書上所寫的「一般人」的身體。

老師、講師、或是領導者，都會想要用自己被教導的方式，或「書上」所寫的方法作出示範，告訴別人該做些什麼。

換句話說，他用自己的方法去教導學生或員工，而使得傳統智慧流傳下去。在學習和運用這種標準方法或「正確的」方法行事時，一開始會有不錯的表現，執行者個人的喜好與態度都被壓抑下來。執行者繼續依賴專家，使得領導者的自我膨脹、擴大他們對權力的幻覺，卻沒有讓他們變得更有時間。

增進覺察力的教練方法，是讓學員的身體與心靈特性浮現出來，而且不需要另一個人的指示，也可以建立能力和信心。它能夠幫助人們自立自強，建立自我信念、信心和責任感。教練模式絕對不能和「工具在這裡，你自己想辦法」的法則混為一談。一般來說，人們的覺察程度都相對偏低。假如讓我們隨性而為，我們很可能會花一輩子的時間重蹈覆轍，或是發明一些半好不壞的方法，結果養成了壞習慣。因此，至少在我們學會自我教練的技能之前，我們都需要專家教練的幫助，來提升覺察力，進而持續自我改善、自我發現。

沒有兩個人的心智或身體是相同的。我怎麼可能教你如何發揮你的個人所長呢？這唯有你自己才做得到，就是運用覺察力。

提升自我覺察力的方法有很多，每個人都不同。不同的活動會導向我們的不同部分。運動最主要是肢體上的活動，但有些運動非常依賴視覺。另外，音樂家需要培養高度的聽覺覺察力；雕刻家與魔術師需要靈敏的觸覺；商業人士則需要了解人與心態，當然，其他領域也需要。

不具批判性的覺察力本身是有療癒效果的，這也是它最神

奇的地方。根據神經科學的研究，我們可以提出生理學的解釋。腦波帶有不同的振動頻率，腦內的神經元會彼此互動。人體存在四種主要的腦波模式，從高頻到低頻都有。我們工作時，腦波是處於較為高頻的α（Alpha）和β（Beta）狀態，而我們的覺察力是對外指向認知方面的任務。為了提高我們的覺察力，並取得我們內在的潛力，我們需要隨時可取得其他層級的腦波，例如δ（Delta）和θ（Theta）。畢竟愛因斯坦曾說：「問題無法用產生問題的相同思維去解決。」提高覺察力會帶來許多好處，因為這會讓你輕鬆發現你的目的，並與之產生連結。

我強烈建議你透過冥想（meditation）來發展覺察力。我的同事吉塔・貝琳（Gita Bellin）創造了一種冥想的形式，徹底改變了全球企業的面貌。領導者可以藉由冥想來培養高績效的思維，在我們的網站上有如何學習的方法：www.coachingperformance.com。

覺察力可以透過簡單的練習、應用和被教練，而快速培養。我用如下的最淺白方式為它定義，或許比較容易了解：

● 覺察就是知道周遭發生了什麼事。
● 自我覺察也就是知道自己當下的體驗。

當你覺察到某件事，你就可以改變它。你甚至不用花精力在培養覺察力上，因為它是你的天賦學習系統（也就是你學走路、騎腳踏車、說話的能力），自然會回應和適應新資訊。這就是為什麼人們常常會說，他們最好的構思都是在洗澡時想到的，

因為在那個時候，他們不處於忙碌的 β 狀態，而是用另一種腦波來處理資訊，所以突然之間就「靈光一閃」！

輸入

還有另一個詞可以加進我們所謂的覺察，那就是輸入（input）。人類的每一項活動都能被簡化為「輸入—處理—輸出」的流程。

例如：你開車上班時，你接收到的輸入訊息是其他車輛的動作、道路與天氣狀況，變化中的速度與車輛的間距，引擎和儀器的聲音，以及你身體的舒適、壓力或疲倦的感覺。你可能會歡迎或拒絕這些輸入，也可能全心接受；你可能接收到錯綜複雜的訊息，也可能它很明顯，你卻毫無所覺。

你可能很警覺地在開車，或是一面聽著收音機，一面無意識地接受必要的訊息輸入，讓你可以安全開車上班。無論哪一種方式，你都是在接收輸入。較優良的駕駛人會接收到較高品質與數量的輸入，讓他們可以得到較正確而詳細的資訊，接著將這些資訊處理過，之後再採取行動產生合適的輸出，也就是他的車子在路上的速度和位置。無論你再怎麼擅長處理資訊並採取行動，你輸出的品質都取決於輸入的品質與數量。覺察力的提升，需要增加我們輸入感受器的靈敏度，不只是調整我們的感覺，還要加入我們的大腦。

要展現高績效，就不能沒有高度的覺察力。但我們很幸運，因為我們的機制總是會不斷設法降低我們的覺察力，直到

「剛好可以過關」的程度。這聽起來有點不幸，但事實上，如果我們要避免過量的輸入，這個機制是不可或缺的。壞處是，如果我們不提升自己和合作者的覺察力，我們就只能交出最低輸出水準的成績單。教練要做的就是提升學員的覺察力，並使它維持在適當的水準，需要時就會有所表現。

我把覺察力定義為**相關資訊的高品質輸入**。我們還可以在前面加上**自發性的**，不過這點其實已經包括在原先的定義之中，因為如果不是自發性的輸入，就不會有高品質。全心投入的作為本身，就會產生品質。假設我問：「那些花是什麼顏色？」你就會被迫去觀察，同時得到相當的輸入。相較之下，如果我說：「那些花是紅色的。」你所得到的意象就會十分貧瘠。更好的問法是，它們是哪一種色調或色系的紅？你如果知道對學員最相關的事物是什麼，你就知道要引導他們的注意力往何處去。

在這個例子中，如果學員有色盲，我就會改問花的形狀。一個是給你標準的花的形象，另一個則是在這特定時刻，爆發出栩栩如生、無數細分的紅色。就是如此的獨特。15分鐘後，它又將有不同的面貌，因為陽光會移動。它再也不會跟剛才一樣了。因此自發性的輸入豐富得多，比較直接，也較為真實。更多的注意力，將會帶來更高的績效。

覺察的另一個特色是回饋（feedback）。相對於來自他人的意見回饋，這裡指的是來自於環境、你的身體、你的行動、和你正在使用的設備的回饋。一旦得到高品質的回饋或輸入，

改變自然隨之而來，無需強迫。

讓我們來看看在實務上，提升覺察力後能如何帶給你不同的選擇（進而帶來責任感）。把手機關掉，找一個舒適的角落放鬆下來，然後檢視「教練問題工具箱」中，自我教練練習裡的問題（問題組1）。你大概需要20分鐘來完成它。做完這些問題之後，你也許會發現自己的思考能力似乎增強了，因為你才剛用到不同的腦波來回答問題。希望你現在已經朝目標更邁進了一步。而且也許你會覺得能力增強而且更有自信，因為你才剛對自己提出正確的問題、傾聽自己的心聲，你可以去找到自己的解決方法。這些問題幫助你提升覺察力，鼓勵你負責達成目標。你找到自己的解決方法，也會讓你更有信心去達成目標。這就是本身就具有療癒效果的覺察力。

責任感

責任感是教練的另一個主要概念或目標，也是達成高績效的關鍵要素。當我們真心願意負責，或選擇對自己的思考和行動負責時，我們會加深對它們的承諾，進而表現也會更好。當我們奉命，或是被告知、被期待要負責時，如果我們沒有完全接受它，表現必然不佳。

當然，我們也許會去做這工作，因為如果不做，會潛藏著威脅感。但基於規避威脅感而去做事，無法發揮最佳績效。要真正有責任感，必然會牽涉到你的選擇。

我們來看幾個例子。

咎責

如果你並沒有求教於我，而我卻給了你一個建議，接著你採取行動，結果失敗了，你會怎麼做？當然，你會怪我，這一點就可明顯看出你心目中的責任歸屬。我用我的建議買入了你的責任，這往往不是一筆好交易。然而之所以失敗，除了我的不良建議，其實還可以歸因於你缺乏自己做主的心態。在工作場合，當建言是個命令，則下屬做主的心態等於零，而且可能導致怨恨，甚至會有人私下破壞，或是陽奉陰違。你不給我選擇、你傷害我的自尊、這個行動我無法做主，到頭來我無法收拾，所以我只好自作主張，採取另一個傷害你的行動。當然，那樣的行動也可能令我受害，但至少我出了一口氣！上述所表現的（無意識）思維對你而言，也許顯得太誇張，但我可以保證，惡老闆的手下數以百萬計的員工，有時就是會這樣想。

選擇

一般的責任感（可能是被施加的責任感），和高度的責任感（可能是自己選擇的責任感），是有所不同的。例如有一群建築工人，我對其中一人說：「彼得，去拿把梯子來。棚子裡有一把。」

彼得去了，結果沒看到梯子，他會怎麼做？他會回來說：「那裡沒有梯子。」

如果我這麼問：「我們需要一把梯子。棚子裡有一把。誰願意去拿？」

彼得回答：「我去。」但是他到了那裡，卻沒有發現梯子。

這次他會怎麼做？他會去別的地方找一找。為什麼？因為他覺得有責任。他想要成功。他會為他自己、他的自尊，找一把梯子來。這個做法的不同點是，我給了他一個選擇，而他作出了回應。

我們有一位客戶，他的勞資關係歷史紀錄不佳。為了改善這點，我開了一系列課程，為他工廠的班長上課。公司的小道消息說我們的課程很有趣，但是剛開始，所有學員都抱持懷疑的態度，他們充滿了防衛心，甚至相當排斥。我可以理解，這樣的態度是為了抗拒所有高階主管的指令。他們奉命來上這些課，因此當然充滿了對抗心態。

為了緩和這種不合作的狀況，我問他們，他們能不能拒絕上課。

他們異口同聲地說：「不能。」

我說：「好，現在你們有一個選擇。」我繼續表示：「你們已經對公司盡責，來這裡上課了。恭喜大家！現在你們可以做些選擇。你們打算怎樣度過這兩天呢？你們可以盡全力學到很多，也可以來個抵死不從；你們可以高興神遊，也可以調皮搗蛋。把你的選擇寫成一個句子。你可以自己留著做紀念，高興的話，也可以拿給鄰座看。我不需要知道，也不會跟你們的上司說。那是你的選擇。」

　　課堂內的氣氛變了。大家像是鬆了一口氣，甚至釋放了某種能量。這時候絕大多數學員都開始用心聽課。選擇和責任感可以創造奇蹟。

自我信念、自動自發、選擇、神智清明、承諾、覺察力、責任和行動，
是教練的產物。

　　這些簡單的例子清楚說明：如何讓完全的責任感驅動高績效？給予選擇至關重要。學員若不認為自己有責任，高績效就不可能產生。告訴某人要為某事負責，並不會讓他們覺得自己應該要負責。他們也許會怕失敗，而且如果失敗，可能會感到慚愧，但是這並不等於覺得自己該負責。責任感是伴隨著選擇來的，而選擇，則需要提問題作為引導。下一章將探討教練問題的形成。以下的練習將協助你思考提升和阻礙覺察力和責任感的因素。

練習：提升覺察力和責任感

1. 想想一位擅於提升覺察力和責任感的工作同事。你能在他們身上找到哪些行為，可做為促進你個人發展的典範？
2. 針對如何提升同事的覺察力和責任感，你還需要學習什麼？

結合覺察力和責任感

圖6-1說明，一旦領導者以覺察和責任感這兩個最簡單有力的
概念，開始教練下屬，整個組織將以多管齊下的方式，享有各
領域的效益。沿著一些箭頭從上到下，可以看到最後導致高績
效的一些連鎖效應。

圖6-1　教練式領導的效益

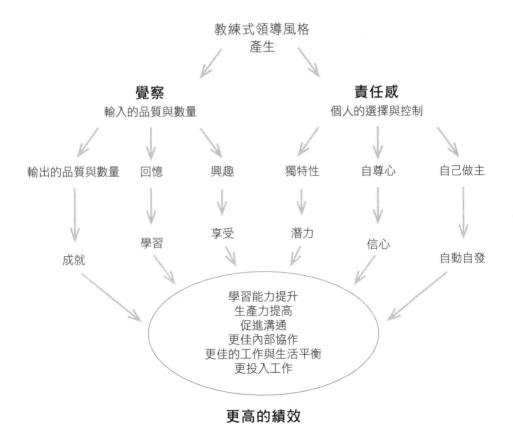

教練必須是專家嗎？

無論可取得的效益為何，你也許會問：教練投入某個領域的教導時，他/她是否需要擁有相關的經驗或技術知識？答案是否定的。如果教練扮演的確實是一個提升他人覺察力的角色，則不需要。然而，假如教練並不完全相信自己信奉的理念，也就是學員的潛力和自我責任感的價值，那麼他會認為自己需要專精那個領域，才有能力教練。我並不是說，專家的知識沒有存在的空間，而是一個好教練，較不會過度使用它，以免減少他的教練價值，因為他每提供一次其專門知識，學員的責任感就會降低一分。當你的個性和獨特性得到最佳的發展，你就能發揮潛力，而不是按照他人對最佳實務的詮釋而聽話照做。

知識的陷阱

理想中，專家教練最好也擁有豐富的技術知識。然而，專家很難深藏不露，因此很難當一個好教練。我舉一個網球的例子來說明。許多年前，我們的「內心網球」課程爆滿，以致內心網球的教練人數不足。我們請了兩位「內心滑雪」教練，讓他們穿上網球服、腋下夾著網球拍，要他們放鬆心情，並要他們保證無論發生什麼情況，都不去使用球拍。

　　結果，他們的教練工作，做得和他們的網球教練同事幾乎一樣好。然而，在一些我們留意到的情況裡，他們其實做得**更好**。事後回想，道理其實很簡單。網球教練看待學員時，注意

的是他們技術上的錯誤；滑雪教練看不出這些錯誤，因此看的
是他們使用肢體的效率。肢體使用效率不佳，是因為學員沒有
自信，對自己身體的覺察不足。滑雪教練必須仰賴學員的自我
診斷，因此可以觸及問題的根本；而網球教練卻只能看到症
狀，也就是技術上的錯誤。這一點迫使我們為網球教練多做了
一些訓練，使他們能夠更有效地擺脫自己的專長。

看到更深一層

我們用職場上一個簡單的例子，說明相同的道理。喬治亞娜的
主管發現她和隔壁部門的同事溝通不良。他知道，解決方法是
要求她每週寫下她的進度。然而，如果喬治亞娜這種拒絕溝通
的情況繼續下去，她寫下的備忘錄就會包含一些不當的資訊。
喬治亞娜同意寫備忘錄，但是主管並不以此為滿足，他還教練
她必須發掘並放下自己的抗拒心態。缺乏溝通只是個症狀，排
斥才是根本原因。非得看到表層之下，才能解決問題。

領導者：專家或教練？

要專家當個教練是很難，但不是不可能。當然，領導者的諸多
功能當中，專門技術也非常重要，而且真相是：通常領導者總
是某一方面的專家。但是請想想一個組織當中的資深主管，他
擁有的技術知識，往往不及他的團隊成員。

　　如果他是個好教練，無論他的技術深度和廣度如何，應該
不難創造出高績效文化。一旦他做到這點，一些員工心中對他

的猜疑就會消失。當技能變得越來越專精，且技術變得更複雜時，教練實務必然成為領導者的必修課。

第三部

教練實務

第 *7* 章
強效的問題

提出封閉式問題，人們就不需要思考。

提出開放式問題，他們會自己去思考。

提升覺察力和責任感的最好方法是提出問題，而不是指示或建議。如果一些老掉牙的問題就已堪用，那當然不難。我們需要檢視各種不同問題的效果。且讓我用一些運動上的簡單類比來說明。問問任何人，他們在球場上最常使用什麼指令，他們會告訴你：「眼睛看著球。」

無論是哪一種球類運動，看著球當然都是非常重要的事。但是，教練下了「看著球」這樣一個命令，你就能徹底執行嗎？當然不能。如果它的效果這麼好，我們在運動場上的表現都會更出色。我們都知道，高爾夫球選手在心情放鬆的情況下，球會打得更遠更直。但是，「放鬆」的命令，就能讓他比較放鬆嗎？不能。也許會讓他更緊張。

假如命令某人去做某事，卻沒有得到預期的效果，那究竟

要怎麼做才好呢？我們試著提出一個問題：

- **你有沒有看著球？** 你要如何回答這個問題？也許會如臨大敵，也許會說謊，就像小時候上學，老師問我們有沒有注意聽一樣。

- **你為什麼不看球？** 這樣你會防禦心更重了。如果你善於分析，就會做點解釋。「我在看啊」、「我不知道」、「因為我在想握拍的方式」，或是，比較實在的，「因為你讓我分心，讓我覺得很緊張。」

這些都不是非常強效的問題，但請想想下列問題的效果：

- 那顆球對著你飛過來的時候，是朝哪一邊旋轉的？
- 這次它過網的時候，高度是如何？
- 這一次，或每一次它彈起來的時候，它會轉得比較快或比較慢？
- 當你確認了球的旋轉方式時，那時球離你的對手有多遠？

這些問題屬於完全不同的層次。它們創造出四個重要的效果，是其他問題或命令做不到的：

- 這類問題迫使球員認真看球。如果不看，就回答不出來。
- 球員必須比平時更加集中精神，才能回答正確答案，提供高品質的資訊。
- 這些問題要的是描述性，而非批判的答案，因此不用擔心批

評到自己，或是傷到自尊心。

● 教練可以得到一個意見回饋的循環——教練可以確認球員答
　案的正確性，因此知道球員是否聚精會神。

因此，強效的問題促使主動積極、專注、注意力和觀察力。這
使得我們不禁納悶，為何那些運動教練老是發出「眼睛看著
球」的無效命令。或許有兩個最主要的原因：他們從來沒想過
它是否有效，因為向來都是這麼做的；另一個原因是，他們比
較在意自己說什麼，而不管它對學員的效果如何。

教練的核心

剛才我花了一些篇幅來探索這個看似直接的看球動作，是為了
闡釋一個簡單的類比，也就是教練的核心。我們必須了解我們
想要創造的效果——覺察力和責任感——以及我們要說/做什
麼，以便創造這個效果。光說我們想要什麼是沒用的，我們必
須提出有效的問題。

　　剛剛提的是運動方面的例子，職場上要如何應用呢？以下
是一個不錯的 1 對 1 教練實務範例，當中的營運經理需要管理
180 人的團隊。我們稱這位經理為史提芬。他發現屬下的表現
不如他所要求想要做到的。利用前述的運動原則——也就是教
練提出問題迫使學員回答、專注於精確度，並創造意見回饋的
循環——他開始對於發生了什麼事感到好奇，也希望能提升自

己的覺察力。他基於好奇而提出問題，才知道團隊成員究竟接收到了什麼訊息，因此他開始和成員們一起彌補溝通的落差。他稱此練習為「我想要的和我實際得到的」，並在接下來幾次的教練課程中與我一直討論這個主題。結果他在兩個明顯的領域看到績效有所增進：工作場所的整理，以及管理層的書面作業。這就是工作場合應用運動例子的成果──一旦史提芬對現況有了不同層級的覺察，他的回應就有所不同。他在教練課程結束時自我反省：「我覺得很好，我的團隊和我的目標更一致了，也不再覺得沮喪以及想要自己動手做。」

　　這些例子或許可以說服你，提升覺察力和責任感的最好方法是提出問題，而不是直接說明。因此，我們可以說，一個好教練主要的口頭溝通方式，就是提出詢問。教練式領導的其中一個主要屬性是：提出強效的問題，來引起學員的注意力、要求其釐清事實、建立自我信念和激勵，並協助學員學習、成長和成功。現在我們來看看如何架構出強效的問題。

問題的功能

提出問題通常是為了取得資訊。或許你需要一些資訊來解決自己的問題，或是你需要提供建議或解決方案給別人。然而，如果你是教練，答案都是次要的。那些資訊並非供你所用，而且或許也不需要是完全的。你只是想知道學員擁有必要的資訊。學員的回答往往可以提示教練，讓他提出下一個問題，同時讓

他監控學員是否走在一條有益的路上，或者是否符合目的或公司的目標。

開放式問題

開放式的問題需要的是描述性答案，它有助於提升覺察力，而**封閉式**問題則是過度要求正確，**是非題**的答案使人無法繼續探索更進一步的細節，甚至無法迫使對方多思考一下。在教練過程中，要提升覺察力與責任感，開放式問題有效得多。

以下都是開放式問題：

- 你想達成怎樣的成就？
- 目前的狀況為何？
- 你希望未來演變成怎樣的局面？
- 有什麼東西阻礙你或協助你達成目標？
- 可能會有些什麼問題？
- 你可以做些什麼？
- 誰可以幫助你？
- 你可以在哪裡找到更多資訊？
- 你將怎麼做？

詢問的字眼

最有效提升覺察力與責任感的問題，始於一些尋找數量或收集實情的字眼，例如：「什麼」、「何時」、「誰」和「多少」。

「為什麼」比較令人沮喪，因為它暗示著批評，會引起防衛心態。「為什麼」和「如何」的問句若不妥當使用，就會造成分析式的思考，進而造成反效果。分析（思考）和覺察（觀察）是不同的心理模式，基本上它們無法同時發揮最大的效果。如果要求的是準確的實情，最好暫時不要分析它們的重要性和意義。如果非要問「為什麼」這類的問題，則最好用這樣的方式表達：「……是什麼原因呢？」，而問「如何」的問題，則用「……的步驟是什麼？」。這些都會導引出較明確而實際的答案。

注意細節

問題的起頭應該要廣，而後逐漸聚焦於一些細節。這種對細節的要求可以讓學員專心一意、保持興趣。有個練習可以說明這點。觀察者凝視著一塊一尺見方的毛毯，在注意它的絨毛、顏色、花色或甚至是一點污漬之後，觀察者對毛毯就不再感興趣，而把注意力轉移到其他更有趣的事物上。給他一支放大鏡，他又開始更深入觀察，要過很久之後，他才會覺得無聊。來一台顯微鏡，那一小塊毛毯就變成迷人的小宇宙，裡面滿是各種不同形狀、顏色、微生物，甚至是活生生的昆蟲，足以讓觀察者目瞪口呆好幾分鐘。

　　這就是教練的過程。教練需要更深入探勘、尋找更多細節，使學員更有參與感，讓他更能夠注意到一些不顯著但其實很重要的因素。

可以增加一些字詞，來強化開放式問題的焦點，例如：

- 你**還**想得到什麼？
- 你**真正**想要的是什麼？
- 目前**實際的**狀況是什麼？
- 你能**多**做些什麼？
- **具體來說**你想要做什麼？

你的問題無需和這裡的例子一模一樣，只要用感到自在的字詞，並按你的處境，運用這些原則即可。很隨意地說「接下來呢？」，比「具體來說你想要做什麼？」來得有效。而最強效的一個教練問題應該是：「還有呢？」

有興趣的領域

追隨學員的興趣，提出強效問題

那麼，教練要如何判斷一項議題的哪些層面是重要的呢？尤其是在一個他並不熟悉的領域裡？原則就是，應該要隨著學員，而不是教練本身的興趣和思緒提出問題。換句話說，教練應該順著學員想做的事。如果由教練主導問題方向，就會降低學員的責任感。但是萬一學員走的方向是條死路或歧路呢？那麼教練要相信學員很快就會發現這事實，或提出這樣的問題：「要繼續下去，我們接下來要注意些什麼事？」

　　如果不准學員去做他有興趣的事，那件事可能對他始終具

有吸引力，因而導致工作本身遭到扭曲或誤入歧途。他們追尋過自己感興趣的領域之後，就比較不會分心，而專注於可能出現的最佳途徑。矛盾的是，有些學員似乎想要逃避某些情況，這可能也很值得注意。由於不能破壞學員的信任和責任感，要進入這個探索路線，最好從這樣的問題開始：「我發覺你都沒有談到……。有什麼特別的原因嗎？」如果是問：「有其他任何問題嗎？」會帶來「沒有」的答案。而問：「這可能會存在什麼其他問題？」則會讓學員進一步思考。

以下的練習有助你實習和反思強效問題的影響力，以及如何在工作中提出強效問題。

練習：強效問題的使用

參閱本書最後的「教練問題工具箱」，選擇一些問題開始練習。

1. 你覺得這些問題會產生哪些影響？
2. 你會採取哪些步驟，來使用強效的問題？

盲點

高爾夫球和網球選手對這個原則的肢體層面可能會很感興趣。運動教練也許會問選手，他最難感覺或正確覺察到自己在揮桿或揮拍時的哪一個部分。這個「盲點」最可能隱藏在動作中某一個不適部位或缺點裡，但是卻被壓制住了。當教練不斷地提

升學員對那個部位的覺察，最後那個感覺就會再回來，而且不需要教練的技術指導，就能自然修正。覺察力的治療能力是很可觀的！

關鍵的變數

高威在他的《工作的內心遊戲》（*The Inner Game of Work*）書中提到，當我們把焦點放在「關鍵變數」上的時候，我們的內在干擾將會降低，而績效也會增進。「關鍵變數」指的是會變化，而且對我們所期望的成果至關重要的事物。舉例來說，AT&T 的客戶服務人員因為對主管感到厭倦、備感壓力和不滿，進而導致「禮貌評分」很低。與其告訴他們要有禮貌，他教導他們辨識並探索兩個與禮貌相關的關鍵變數：他們是如何傾聽，和如何說話的。他們玩了一個遊戲，要他們更仔細傾聽顧客的聲音，並追蹤他們所作出的回應對顧客滿意度的影響。結果，禮貌評分的分數提高了。由於他們的覺察、自信和工作投入度提高，他們的回應速度和正確度也提升了。

避免引導式問題和批評

許多不良教練會訴諸引導式的問題，這表示教練對自己想做的事沒有信心。學員很快就會識破這點，對教練的信任也會降低。教練寧可直接給學員建議，也不要嘗試去操縱他的前進方向。也要避免提出有批評作用的問題，例如：「你到底為什麼

要這樣做？」

　　總結一下，強效的問題是：

- 建立覺察力和責任感
- 依循學員的興趣
- 啟發創造力和機智
- 提升可能性/願景
- 目標導向並專注於解決方案
- 不批判
- 引導注意力、思考和觀察
- 要求高度專注、細節和精確度
- 要求回答中顯示學員的思考、績效和學習的品質
- 支持學員，並提出挑戰/激勵
- 建立意見回饋的循環

問題組4有一個十大強效問題清單，我一直覺得它對於教練實務很有幫助。當然，你也會從你的教練經驗當中累積更多的強效問題。但重點是，它們必須真誠。

第 **8** 章
積極傾聽

中國「聽」這個字道盡一切真理：

耳＝你用來聽的器官（傾聽）

王＝注意他人的說話，如同他們是王（服從）

十和目＝發揮觀察力，彷彿你有十雙眼睛（注意）

一＝發揮個人的專注力，傾聽他人話語（專注）

心＝用心傾聽（除了耳朵和眼睛外，還要用心）

真正被聽見、被了解是一種奢侈的要求。大多數人都不善於傾聽；從小學校告訴我們要聽話，但沒有訓練或教練我們如何去聽。通常人們看似在聽，都只是在等機會表達意見而已；一旦輪到他們，他們就只是說自己想說的。他們可能會說些完全不相關的事，或想要分享他們的經驗、想法，或提出建議。回想一下，只要有那麼一刻你覺得別人用這種方法傾聽你說話，你作何感受？

注意對方的回答

教練必須全心關注學員對問題的回答,也就是他/她所說的,以及說話中傳達的感受。若教練沒有好好傾聽,互信的基礎將會瓦解,教練也就不知道接下來如何提出最棒的問題。提問必須是個自然流暢的過程。事先想好的問題會使得對話呆板生澀,也無法順著學員的興趣或計畫。如果學員在談話時,教練正在分心設想下一個問題,學員會覺察到你沒有專心聽。最好是先把話聽完,讓下一個合適的問題自然出現,必要的話可以暫時停頓。如果你真心傾聽,你的直覺就是你最好的指引。

你把注意力放在何處?

傾聽是一種技能,它需要全神貫注,也需要練習。然而奇怪的是,人們在聽新聞或是喜歡的廣播節目時,卻很少有困難。興趣使我們專心。或許你需要學習的是,要對別人多點興趣,勾起你自己的好奇心。當我們真正在傾聽別人,或是別人真的在聽我們說話,那是多麼令人感激的事!聽的時候,我們真的聽見了嗎?看的時候,我們真的看到了嗎?我這裡指的是和別人四目交投。我們會沉迷於自己的思想和意見,一直想要講話,尤其是當你被安排在一個提出建言的角色,這種驅力是很強的。有人說,既然我們生了兩隻耳朵、一張嘴巴,那麼我們聽的應該要比說的多一倍。或許教練最難學會的就是讓自己閉上嘴巴。

用字遣詞和語調

你該聽什麼，又為什麼要聽呢？學員的語調會暗示他的情緒，因此你必須聽到。平板的聲調也許表示他缺乏興趣，或說的是老生常談。比較生動活潑的聲音則可能暗示發現了新點子，以及更強的動機。學員選用的字眼也會透露很多訊息：負面詞彙占大多數、開始正襟危坐，或使用兒童式的語言，都夾帶著許多潛在意義，有助於教練了解狀況，以便有效協助學員。

肢體語言

除了傾聽之外，教練還需要注意學員的肢體語言，不是為了自作聰明，而是同樣的，有助於問題的選擇。學員如果身體向前傾，表示他對這一課有高度的興趣。講話的時候，手遮住嘴巴的一部分，則是對答案沒有把握，或感到緊張。兩手環抱胸前，往往表示拒絕或反抗；開放的姿勢，則意味著接納和彈性。我不打算在此處討論太多肢體語言的層面，但有個方針是，假如口頭上說的是一，肢體語言卻表示二，通常肢體語言比較會透露真實的感覺。

反映/反射

我們提到了聽、聽見、看、理解，教練的自我覺察必須足夠，

才能明白自己正在做什麼。然而，無論教練認為雙方的意見已多麼清楚，都不妨偶爾回頭重述之前的重點。此舉可以確保雙方理解正確，也可以讓學員明白自己的話有被聽見，也得到充分的了解。這也讓學員有機會再次檢視自己說過的話是否真實。大部分教練課程裡應該有人記筆記，但必須經過教練和學員的雙方同意。我當教練時，我喜歡自己記筆記，讓學員有自由思考的時間。

自我覺察

最後一點，好的教練會運用自我覺察，以便仔細監控自己的反應。因為學員的回應而發生的情緒或判斷，都可能干擾到教練應有的超然與客觀。你個人的心理歷史與偏見（每個人都會有）會影響到你的溝通。監控自己的感官意識，比方說：緊繃的肩膀或感覺胃在翻騰，都可能讓你覺察到你本能上已從學員處承襲到的情緒。

移情作用

投射（projection）和移情作用（transference）是心理扭曲的一些用詞，所有教學、指導、教練或領導者都必須認清它們，並設法減低因此而造成的影響。投射指的是：將自己的正面或負面特點或特質投射到另一人身上。移情作用則是：「將自己對

兒時身邊重要角色的感覺或行為模式，錯置於目前關係中的某人身上。」在工作場合，這種情形最常發生在權威的移情作用。

在所有的階級關係裡，如經理／下屬或甚至是教練／學員，雙方對權威都帶有下意識的感覺或成見。例如，許多人會屈從於所謂權威的一方：「他知道、他有所有的答案、他比較厲害」，諸如此類。而且在他們面前會變得渺小，或有如孩童。對一個想要主導和控制的專制領導者而言，他也許會覺得稱心如意，但是此舉背離了要學員承擔責任的教練目標。

另一個對權威的無意識移情反應的例子是反抗，以及暗中破壞工作目標。當領導風格偏向於限制人們的選擇時，個人的移情作用會造成集體的沮喪與無力感。有一家大型的馬達製造商向來評估勞資關係的方式，是計算在生產線旁邊的淘汰零件裡，好的零件被丟棄的百分比有多高。

反移情作用

反移情作用是移情造成的副作用，當擁有權威的領導者或教練，他們因為過去的經驗，進而對移情作用作出了下意識的反應，以致強化了學員的依賴或反抗心態。好的教練可能會覺察到這一點，因而設法抵銷移情作用所造成的影響，刻意加強下屬或學員的力量。如果他們不這麼做，這些扭曲的心態會偷偷溜進彼此的管理或教練關係裡，長此以往，他希望以此管理風格達成的目標，將遭到嚴重破壞。

積極傾聽的技能

圖 8-1 說明積極傾聽的技能。反映／反射、轉述和摘要的技能，讓他人知道你正在聽他們說話（內容），並確認自己是否已了解對方表達的意思。

圖8-1　積極傾聽的技能

技能	說明
反映／反射	用確切的字眼，重述對方的話語。
轉述	用略微不同的字眼，說明對方的話語，但事實或意義都沒有改變。
摘要	簡單複述剛才說過的話，不改變事實或意義。
釐清	簡要表達對方話語中的重點／核心意義，另外再補充一些來自直覺情感的寶貴意見、字詞的差異，或並未用言詞表達，但透過臉部表情或肢體透露的含意，進而為說話者提供一些洞見，並釐清對方的意思：「這聽起來好像是……你覺得呢？」
鼓勵表達自我	建立信任感和親密關係，並鼓勵開誠布公。
停止批判、批評和過於投入	保持開放的心態。批判和批評都會勾起人們的自我防衛心，讓他們不想再說話。
傾聽，以了解潛力	把焦點放在能力和優勢，而不是績效，或把某人視為麻煩的問題。如果沒有設限，人們能發揮怎樣的天賦呢？
用心傾聽	留意非語言的訊息，例如語氣、措詞、臉部表情和肢體語言。積極注意對方的感情和意義（意圖）層次，了解他／她想傳達的核心意義／重點。

試著利用以下的練習，檢查一下自己的傾聽技能。

練習：傾聽的技能

回想最近曾進行，但不是由你發起的對話。試著評估自己傾聽能力的品質。

1. 是誰主導你們的談話重點？你有提出建議嗎？
2. 下次有人要和你討論事情時，試著積極傾聽他們的話語，然後作出自我評估。你有緊跟他們說話的重點嗎？你有運用直覺嗎？你有釐清及/或重述他們的話語嗎？你有保留自己的意見或建議嗎？你有停止批判嗎？你有幫助同事探索他們的個人想法嗎？
3. 你對自己的傾聽技能有何看法？
4. 你想要再增強哪個領域的傾聽技能？

教練實務要求你完全專注於學員的話語上，了解他們正在表達的想法和感受。人們可以透過說話表達看法，卻會被語氣、肢體語言或臉部表情出賣了自己真正的想法。若能積極傾聽對方的話語，你會覺得和他們「搭上線」，就如同你能立即在不同層面上了解他們，甚至能對他們感同身受。你可以開始運用自己的直覺，了解話語「背後」和「字裡行間」的意義，並注意到透過沉默、語氣、能量水平、肢體語言和其他情緒所傳播的訊號。

　　建立了「強效問題」和「積極傾聽」兩大技能基礎後，我們接著將介紹全新的成長模式（GROW Model），也是教練對話的基本架構。

第9章
成長模式

目標、現實、選擇、意願

目前我們已經確立，無論學習或尋求績效改善，覺察力與責任感都是不可或缺的要素。我們也從公司文化和提高績效的角度，以及教練和領導的雷同之處，說明教練的情境或意義。我們探索過教練的角色和態度，也認定「強效問題」和「積極傾聽」是教練實務的兩大重點。現在我們要判斷，哪些事情需要提問，以及問題的順序為何。

正式或非正式？

這裡必須強調一點，教練過程可以進行得鬆散而不正式，以致員工甚至不知道自己正在被教練。在日常的營運裡，無論是為員工做簡報，或聽取員工的簡報，最好的方法都是教練模式，只是不應該被看出究竟，要表現得好像只是在有效領導而已。

在此情況下，教練不再是一種工具，而是一種領導的方式，而且在我看來是最有效的方式。在教練系譜的另一端，教練可以明訂其課程的日程和架構，以及目的與所扮演的角色。大多數教練都屬於這個類型，不過接下來我們要仔細檢視另外一種類型，因為它們的流程雖然一樣，各個階段的定義卻較為清晰。

一對一

為清楚和簡單說明，我們先看一對一的教練，雖然團體教練和自我教練的形式也並無不同。我們在後面的章節將對上述兩者進一步闡明。一對一教練可發生在同儕之間、在主管與下屬之間、在過去的老師和學生之間、在教練與學員之間。一對一的教練甚至可以是以下對上，例如員工對老闆，雖然這通常是在暗地裡進行。畢竟，很少有人會去跟老闆說事情該怎麼做，因此以下對上的教練成功率要高得多！

教練的架構

無論是進行正式的教練課程，或進行非正式的教練對話，我建議的問題順序必須遵循以下四個階段：

- 目標（Goal）設定：本次教練課程的短程和長程目標。
- 現實狀況（Reality）：探索目前的情況。

- **選擇**（Options）和其他的策略或行動。
- 該做什麼（What），何時（When）由誰（Whom）來做，以及達成目標的**意願**（Will）。

這個順序組成了好記的英文字「GROW」，之後我將經常提到。由於選擇和自動自發是致勝的關鍵，因此我在最後階段強調「意願」（Will），因為它將意圖化為行動，因此讓整個過程具有轉型的效果：**目標、現實、選擇、意願**。見圖9-1，了解每個階段應提出的關鍵問題。

圖9-1　成長模式

目標	現實	選擇	意願
你想要些什麼？	你目前的狀況為何？	你可做些什麼？	你將怎麼做？

這個順序的假設是：四個階段都必須進行。第一次面對一項新議題時，通常都是如此。然而，如果一項任務正在進行或曾經討論過，也可以用教練方式去處理或推展。在這種情況下，教練可以在任何一個階段開始或結束。成長模式如此高效的其中一個原因是：它的架構很有彈性。

「成長」模式的沿革

當我們在1979年首度將「內心遊戲」（Inner Game）引進歐洲時，起初是教人打網球和高爾夫球。不久後我們發現「內心遊戲」也能對組織領導人帶來寶貴價值，因此我們在1980年代制訂了增進組織績效的法則、概念和技巧。我們期許為人們帶來徹底不同的生命，進而向大家說明：只要有心，所有人都可以增進績效、提升學習能力並樂在其中，也能找到工作的真正目的。

麥肯錫（McKinsey）管理顧問公司在1980年代中期成為我和我的同事的客戶。我們為麥肯錫執行了許多課程，其中包括：在網球場上實際體驗教練方法。由於教練實務對於提升績效表現、釋放潛力是如此的成功，因此麥肯錫公司來諮詢葛萊姆·亞歷山大（Graham Alexander）和我本人，看是否能發展出一個教練的基本架構，也就是無論在網球場上，或是舉行訓練計畫的任何地方，都可以操作的模式。

我們決定把我們和同事的教練過程拍成影片。我們邀請神經語言學編程（NLP）專家來檢視我們所做的，並向他們簡報，來探索在我們教練的過程中到底發生了什麼事，進一步了解我們在無意識的能力裡，是否存在有跡可循的模式？的確有。無論是在網球場或職場，它的確存在。

一開始我們發展出所謂的「7S教練模式」，因為麥肯錫已有其「7S架構」。然而，它看起來有點曲折，事實上，它有時候是1、2、3、4，有時是1、3、4，或只不過是1、2、3。最後，我們制訂了「GROW」這樣的簡寫詞，代表四個主要的教練階段。除了「GROW」之外，我們和麥肯錫的內部溝通專員還想出了幾個其他的點子，最後才決定「GROW」是最合適的表達。他們喜歡這個詞，因為它簡單、可化成行動，並強調成果。當時我們完全不知道它能帶來如此深遠的影響！

1992年首次出版本書時，我就提出這個模式。也拜書籍的成功，以及我們國際上的行銷努力，成長模式名聞全球，成為各地最受歡迎的教練模式之一。

先設定目標

先設定**目標**，再檢視**現實**，這也許聽起來很奇怪。表面上看來，似乎應該先了解現實狀況之後，才能設定目標。然而並非如此。單單根據現狀去設定目標，結果可能會訂出負面的目標，例如：只是針對問題作出反應、受到過去績效的限制、推斷太過簡單而缺乏創意、低於可能的改善幅度，或甚至產生反效果。短期的固定目標甚至可能把我們帶離了長程目標。依據我在團隊訓練課程中的經驗，團隊在設定目標時，一般都是根

據過去曾經做過的事，而不是未來可能的成就。在許多時候，他們根本不去盤算能夠有什麼作為。

在確立理想的長程解決方案後，研判採取哪些實際的步驟才能達成那個理想，如此設定的目標通常比較能令人產生靈感、較有創意，也較能夠激勵人心。我用一個例子來說明這個非常關鍵的重點。假設有一條交通幹道，我們想要解決它車流量過大的問題。探討現實狀況之後，我們很可能只是根據它目前的車流量，設定一個緩解擁塞的目標，例如：拓寬道路。長程的目標也許正好相反，做法是找出當地未來的理想交通模式，然後設定朝哪個方向前進的各個步驟。

因此，在大多數情況下，我都建議使用上述的步驟順序。

除了成長模式之外

我必須強調，沒有**覺察力**和**責任感**，以及缺乏透過**積極傾聽**和**強效問題**去導引出這兩種心態的**意圖**和**技能**，成長模式的價值將很有限。模式並非真理。成長模式本身並非教練實務。教練界充滿了大量的縮寫詞，有「旋轉」（SPIN）、「精明」（SMART）目標、「毅力」（GRIT），和我們的「成長」（GROW）模式。這些詞彙不時被誤以為是所有商業病症的靈丹妙藥。當然不是。它們只有在實際使用的情境中才有價值，而「成長」也只有在具覺察力和責任感的環境中才會有用。

一位專制的老闆也許會用以下方式突襲員工：

- 我的**目標**（Goal）是這個月銷售一千套產品。
- **現實狀況**（Reality）是你們上個月的業績很差，只賣出400套。你們是一群懶惰的傢伙……。我們最主要的競爭對手有了更好的產品，所以你們得加把勁才行。
- 我已經考慮過所有的**選擇**（Options），所以我們不會增加廣告量或重新包裝產品。
- 你**將要**（Will）做的事情如下……

任何獨裁者都可以使用成長（GROW）模式。這位老闆字面上遵循成長模式，卻沒有提出任何一個問題。他沒有引導出覺察，雖然他以為自己已經威脅了員工要負責，後者卻毫無責任感，因為他們沒有選擇。

情境和彈性

如果你會從本書得到任何知識，我希望是覺察力和責任感。它們比成長模式還要重要。在此前提下，遵循這個成長模式的順序，加上有效的教練問題，它就會運作得很好。

　　然而，有時也可能要回頭修正。我的意思是，你往往一開始只能定義出一個**模糊**的目標，而在仔細地檢視過**現實狀況**之後，你才能夠、也必須回去把目標定義得更精確一點，之後再繼續前進。釐清**現實狀況**之後，一個起初定義鮮明的**目標**，或許其實是錯誤或不恰當的。

列出**選擇**之後，也需要一個一個去檢視，看看它們是否真能使你朝向理想中的**目標**前進。最後，在設定好**什麼**與**何時**之前，重要的是要再檢視最後一次，看它們是否符合目標。若它們符合目標，但自我動機卻是很低，那麼你就應該重新檢討目標，特別是為目標做主的人是誰。

你應該根據你的直覺，遊走於成長模式的順序之間。視必要重溫每個步驟和任何順序，確保學員能保持學習的動力和動機，以及保持其目標與公司目標的一致性，同時也能顧及其個人的目的與價值。跟從自己的直覺和本能，而不是一味循規蹈矩。越來越熟悉成長模式的威力之後，你將開始更有自信，知道自己應該探索成長模式中的哪個元素。

成長模式的關鍵

成功使用成長模式的關鍵在於：花足夠的時間探索「目標」（G），直到學員設定了具啟發性而且可長遠追尋的目標為止。接著再根據你的直覺，**彈性**實行各順序，而且有必要時重溫目標。

第1步　你的目標是？

● 了解最終目標、績效目標之後，辨識和釐清目標的類型，並一路朝目標進發。
● 了解主要的目的和抱負。

● 在課程過程中釐清想要的成果。

第2步　現實狀況是？

● 按至今採取的行動，評估目前狀況。

● 確認過去所採取的行動之效果及效應。

● 了解目前阻攔或限制進步的心理障礙。

第3步　你有哪些選擇？

● 找出可行性和替代方案。

● 規劃出不同的策略，並對這些策略提出質疑。

第4步　你將怎麼做？

● 你了解你學到了什麼，以及可作出怎樣的改變，以達成初步
　目標。

● 針對已辨識的步驟，制訂摘要和實行的行動計畫。

● 概要說明未來可能碰到的障礙。

● 思考如何持續達成目標，以及可能需要的支援和發展。

● 預估達成協議的行動需要作出哪種程度的承諾。

● 強調可如何確保能負責，並達成目標。

「教練問題工具箱」的問題組 5 有每個成長模式的問題範例。
在接下來的四章裡，我們將逐一深入探討每個步驟，以及最能
引出覺察力和責任感的問題。

第10章
G：目標設定

想做的時候，我的表現會優於非做不可的時候。

想做是為我，非做不可是為你。

自動自發是一種選擇。

有太多人寫過目標設定是何等重要的事，在這麼一本關於教練的書裡，當然就不用多贅述。其實，單單目標設定這個主題，就可以寫成一本書。然而，我希望那些自認為是目標設定專家的人，也可以欣賞本章所談的目標設定的一些面向，這些在教練過程中可說是非常重要。

一次教練課程的目標

我們在開始一場教練課程時，一定會先為這個課程設定目標。若學員希望上課，很明顯他／她需要定義想要從課程中學到些什麼。即使是教練要求要在這個課程中解決某個特定問題，教

練也要詢問學員是否希望從這次教練課程中得到什麼。

可以提出的問題包括：

- 你這次想獲得什麼？
- 這次我有半個小時，結束的時候，你希望進展到哪個地步？
- 你覺得你可以得到的最大收穫會是什麼？

可能引導出來的答案包括：

- 我可以研擬出本月的成長概況。
- 清楚知道我接下來可以投入的兩個行動步驟。
- 決定前進的方向。
- 了解最主要的問題是什麼。
- 這項工作的預算能夠達成協議。

議題目標

現在來談談與你目前問題相關的目標，但我們要先能夠分辨**最終目標**和**績效**目標。

- **最終目標**（end goal）就是最後的目標，例如：成為市場領導者、被任命為業務總監、成功爭取到某個重要客戶、贏得金牌。這些都不太可能讓你完全掌握，換句話說，你無法知道或控制你的競爭對手會怎麼做。

- **績效目標**（performance goal）指的是，你相信這個績效水準有助於你達成最終目標。它大部分是在你的掌握之中，通常都有方法可以衡量進度。績效目標的例子包括：首次有95%的產品通過品管、下個月要賣出100套工具、九月底之前用4分10秒跑完1公里。重要的是，績效目標是在你控制範圍之內，因此比較容易投入和負責。但最終目標就不同了。

績效目標必須隨時隨地支援最終目標。最終目標會孕育對於長期的思考，或許也會帶來靈感；績效目標則是要訂出工作規格，其主要成果是可以衡量的。

績效目標很重要

在1968年的奧運會上，英國因為缺乏既定的績效目標，而造成了舉世聞名的大挫敗。威爾斯人戴維斯（Lynn Davies）曾贏得1964年的跳遠金牌，而人們預期1968年他和俄羅斯的特爾・奧瓦涅相（Igor Ter-Ovanesyan）、還有美國的冠軍波士頓（Ralph Boston）會得到前三名。這時候冒出一個非常怪異的美國人畢蒙（Bob Beamon），他在第一回合就超越世界紀錄2英呎。想想自從1936年起，世界紀錄只增加了6英吋，他這一跳可真是一躍驚人。戴維斯、波士頓和特爾・奧瓦涅相頓時萬念俱灰。雖然波士頓和俄羅斯人分別獲得銅牌和第四名，兩人的成績卻都比自己的最佳成績差了6英吋。而戴維斯比自己的最

佳成績足足差了1英呎（12英吋），他坦承自己的眼中只有金牌，如果他設定一個績效目標，例如27英呎，或是一個個人最佳紀錄，那麼他是可以得到銀牌的。我不禁想像，40年後的北京奧運，當菲爾普斯（Michael Phelps）在每一種比賽中都奪得金牌，一直到終於累積11面金牌之際，其他男性泳將應該也是同樣氣餒。

從靈感泉湧到採取行動

最終目標和績效目標有時頭尾還要加上另外兩個或許稱不上是目標的要件（見圖10-1）。以第一位爬上聖母峰的英國女性史帝文斯（Rebecca Stevens）為例。她不僅到企業界，也到學校演講，談論她不凡的成就。無庸置疑，許多學童在聽過她的勵志演說之後，都跑回家哀求爸媽帶他們去攀岩，或是至少到附近有攀石牆設備的健身房。「我要去爬聖母峰」也許是個童稚的主張，卻也是一個夢想、一個可以點燃行動的願景。有時你需要提醒自己，或是讓一個好問題來提醒你，有什麼可以激勵我們開始或繼續去做我們想做的事。你可以稱之為**夢想目標**（dream goal）。史帝文斯在擁有豐富的攀岩經驗之後，已經具備相當的技術水準，攀登聖母峰似乎是個合理的最終目標（如果攀登聖母峰也稱得上是合理的話！）。然而，她還有很多工作要做，還要預備訓練、適應氣候。假如她不願意把自己完全投資到這個過程，聖母峰將永遠是個夢想而已。舉辦各項教練

圖10-1　目標設定──從靈感泉湧到採取行動

	渴望、靈感來源	意向、承諾
夢想目標 *目的和意義* 理想的未來或願景 為什麼要做？	打造「未來的銀行」，在營運範圍內，為其多元化的社群提供全面的服務	「你的抱負是？」 • 我會明智地將組織轉型為現代化、創新的銀行，利用整合金融科技公司和創新到我們的龐大客戶群與關係人，進一步服務我們的社群
最終目標 *清楚的標的物* 明確說明夢想 想要做什麼？	在未來5年內利用新技術、創新和金融科技的商業模式，以及整個初階管理層內採取教練式領導風格，讓我們的銀行業務轉型	「你打算達成怎樣的成就？」 • 我承諾5年內實現董事會核准的願景，發展和提供金融服務和科技，引領今天的龐大客戶群轉型為數位化，促進銀行邁向成功
績效目標 *具體的里程碑* 實現夢想和最終目標 掌控度99%	提供給顧客和員工高品質的數位體驗，以建立忠誠度	「你將怎麼做？」 • 我將在2020年底，利用整合式金融、風險和法規遵循系統，簡化並自動化我們的數位銀行作業，以降低成本和作業複雜度，同時帶來創新商品和服務的利潤，以符合董事會的策略文件
流程目標 *SMART 步驟* 達成績效目標所需執行的工作 達成上述所有目標 掌控度100%		「你將採取怎樣的行動？」 • 我將進行自動化和即時的財務流程分析作業，並把數據演繹為全組織前瞻性的商業洞見 *行動*：6個月內成立分析作業單位；分別成立分析管理小組並指派職責（8週）；制訂溝通策略（對內和對外）（8週） • 我將緊密且定期和轉型小組合作，支援他們快速作出決策，並向員工清楚溝通，維繫他們對公司的向心力 *行動*：每隔兩週開一次轉型管理會議，了解進度；……

活動時，我最常在目標設定階段問這個問題：「你願意在這個過程裡投資多少？」我稱這些為**流程目標**（process goal），甚至是個工作目標。

為目標做主

儘管公司的高階主管可以自由地設定目標，但他們老是把這些目標交代下去，彷彿下屬都不該質疑。這使得那些必須達成這些目標的人不願意為它做主，因此他們的績效也好不起來。明智的領導者會努力和他們的目標保持一個健康的距離，設法激勵他們的經理，而且總是鼓勵他們要盡可能自行設定有挑戰性的目標。但萬一這些經理人不這麼做，而且工作還是由高階主管嚴格指定，也還不至於全盤皆輸，因為經理人至少可以讓下屬作些選擇，讓他們決定該怎麼做某件工作、該由誰負責，以及何時去做。

教練學員自己做主

即使某一個目標非做不可，都還是可以運用教練方法，讓下屬做主。我曾和某個警察局討論配槍的訓練，他們問：「要如何讓警員主動遵守那些絕對而且毫無彈性的槍枝安全規則？」我建議他們，不要一開始就把這些規則攤出來給他們看，而是應該運用教練方法，先一起討論，讓警員自行制訂彼此達成協議的安全規則。這些規則很可能最後會和制式規則十分類似。一

旦意見出現分歧，可以從學員身上利用教練實務，找出分歧的原因，而教練可以做到最少的介入。如此一來，學員會比較能夠了解和接受制式的配槍安全規則，也較能為這些規則做主且自動遵行。

誰的目標？

談到自動自發，就絕對不能低估選擇與責任感的價值。舉例來說：假如業務團隊的成員設定了低於主管期望的目標，主管在推翻他們的數字、迫使他們接受自己的數字前，應該先仔細考慮後果。他們也許最好吞下自己的自尊，接受他們的數字。即使主管設定的目標比較高，但是堅持自己數字的結果，很可能還是會降低整個團隊的績效。團隊也許會認為主管的數字不切實際，但是無論如何，他們因為缺乏選擇，動力必然不足。當然，主管還是有另一個選擇：先從團隊的數字出發，然後開始教練他們往上走，發現他們的障礙，幫助他們排除障礙，以取得更大的成就。如此一來，團隊就會對自己終於同意的數字負起責任。

所有工作任務目標都必須取得相關人士的同意，才能實行。其中包括：認為自己有責任制訂目標的領導者、以及必須著手實現目標的業務經理和業務團隊成員。各方若無法達成協議，業務團隊會認為自己無法做主而不願負責，最後影響到績效。身為教練式領導者，要與成員處於同一陣線，而不是在學員的前面（「拉力」）或後面（「推力」）。如此一來，學員將

學會把目標當成是自己的目標。

你必須努力讓下屬清楚了解所有的目標。因為錯誤的假設可能會扭曲某些人對目標的看法，即使是他們曾經參與制訂的目標。

好目標應有的素質

除了支持一個不在你掌控之內的最終目標，和一個在你掌控之內的績效目標以外，你還要注意，目標必須是「精明」（SMART）的：

- 具體（Specific）
- 可評量（Measurable）
- 達成協議（Agreed）
- 實際（Realistic）
- 有時間限制（Timeframed）

還必須是純正（PURE）：

- 正面陳述（Positively stated）
- 為人理解（Understood）
- 切題（Relevant）
- 合乎倫理道德（Ethical）

而且要清楚（CLEAR）：

- 富挑戰性（Challenging）
- 合法（Legal）
- 環保（Environmentally sound）
- 合宜（Appropriate）
- 記錄在案（Recorded）

目標必須具備這些素質，這是不言自明的道理，無須再多贅述，但有幾個觀察結果，也許對你有幫助。

「SMART」架構是旨在供領導者為團隊設定目標時使用。由於目標來自領導者，他們必須確定目標夠清楚或「具體」，但卻未涉及目標能如何帶動員工興奮之情，或激勵他們作出貢獻。領導者也必須小心，不要設定太難達成的目標，因此必須是「實際可行」的。若目標不切**實際**，則沒有希望，若不具**挑戰性**，則沒有動力。因此，必須設定一個框架，讓所有目標都能套得進去。

鼓舞人心的目標

重要的是花足夠時間在成長模式中的「G」階段，確保學員能找出鼓舞及振奮人心、或他們熱衷或備感興奮的目標。鼓舞人心的目標處於正面的框架內，自始至終能提振學員的動力和士氣。將個人目標設定在公司目標的框架內，結果將大為不同。

通常你會為自己設定一個太低的目標，這是因為心生恐

懼，進而自我設限。鼓勵學員設一個偉大的目標，盡量發揮所
長。在一個彼此支援的環境中，鼓舞人心且富挑戰性的目標最
終能帶來成功，進而增加自我信念與自信，最後創造高績效。

我們得到的向來是我們專注其上的事物。

假如我們害怕失敗，則心思都放在失敗上，最後會得到失敗。

正面焦點

目標必須能夠**正面陳述**，這一點非常重要。試想，若是負面陳
述一個目標，這會是怎樣的情形：「我們在地區業績比賽中，
成績不能老是墊底。」人們會把注意力放在哪裡？當然是成績
墊底。如果我對你說：「不要去想紅色氣球了。」你會想什
麼？或如果我對一個孩子說：「玻璃杯不能掉了、水別灑出
來、不能犯錯。」後果會是什麼？我很喜歡一個板球比賽的例
子。一個打擊手出局，下一個打擊手走過白色屏壁，有個多嘴
的人跟他說：「可別一球就出局了。」他需要走很長的一段
路，才會到達擊球線，也讓他有夠久的時間想著一球出局的
事，因此他就出局了。你可以輕易將負面目標轉換為正面目
標，例如：「我們要在競賽中進步到第四名，或更好的成績。」
或者是：「我要擋住第一球，不管這球能不能得分。」

合乎道德標準

談到必須設定**合法、合乎倫理道德**和**環保**的目標，你也許會覺得我在說教，不過每個人對這些原則都有一套自己的標準，而要保證每位員工都能向管理層看齊，唯一的方法是遵循最高標準。年輕員工的道德標準似乎高於年長的主管，後者往往覺得很驚訝，並常用這樣的藉口：「我們向來都是這麼做的。」此外，企業界和整個社會近來吹起重視社會責任的風潮，外加許多揭發弊端或是為消費者把關的人，這當然重於任何短期的利益誘惑！在《運動卓越》（*Sporting Excellence*）一書中，大衛・海莫里（David Hemery）引述麥可・愛德華茲爵士（Sir Michael Edwardes）的話：

> 你必須具備最高標準的企業道德，否則得不到最頂尖的人來與你共事。假如你重視抄捷徑得來的 1,000 英鎊，結果卻打擊到優秀人才的士氣，最後你將損失 20,000 英鎊。

奧運目標

我所知道最驚人的良好而成功的目標設定，是在奧運的游泳比賽，不過那是早在菲爾普斯（Michael Phelps）出生之前十年的事。有位美國大學一年級新生，名為約翰・內伯（John Naber），他看見馬克・史畢茲（Mark Spitz）贏得 1972 年慕尼

黑奧運的金牌。這時候，約翰決定要贏得1976年的100公尺仰泳金牌。雖然他當時已經贏得全國青少年錦標賽的冠軍，但要贏得奧運金牌，還差了5秒。這麼短的距離，在那樣的年紀，這是很大的秒差。

他決定要讓不可能成為可能。首先就是給自己設定一個成績目標，也就是刷新世界紀錄。之後他把短差的五秒鐘，去除以他在未來四年內的訓練時數。算出來的結果是：他每訓練一個小時，進步的幅度只要是他眨一次眼的五分之一的時間就夠了。他認為只要聰明又努力去做，就可能做得到。確實如此。

他有了驚人的進步。1976年，他身為蒙特婁奧運美國游泳隊的隊長，也奪得100和200公尺仰泳的金牌，而且都打破世界紀錄。好個目標設定！約翰・內伯深受清楚定義的最終目標所激勵，並且用他可以掌控的績效目標加以輔助。他用系統化的流程去鞏固目標，因而形成了他立足其上的高台。

那些非贏不可的人，贏很多。

老是怕輸的人，輸很多。

商業界的奧運級表現

這種奧運的目標設定如何運用在商業上呢？豪爾赫・保羅・李曼（Jorge Paulo Lemann）在巴西經濟發展上，扮演著重要角色超過40年。1971年時，李曼成立了投資銀行Banco de Investimentos Garantia，不久後他招募卡洛斯・斯庫彼拉

（Carlos Sicupira）和馬塞爾・泰里斯（Marcel Telles）加入，該公司後來被譽為「巴西的高盛公司」。三人聯手併購多樣化的資產，改變了巴西的經濟，開放外地投資人進入市場，同時穩定國內的局面。透過他們的私募基金公司3G Capital，旗下如今擁有或投資於知名的跨國品牌，例如：漢堡王（Burger King）、安布英博（Anheuser-Busch InBev），以及卡夫亨氏公司（The Kraft Heinz Company）。

　　他們以激勵員工做為經營事業的守則。克里斯丁妮・柯莉亞（Cristiane Correa）在她的書《追夢企業家》（*Dream Big*）當中，說明他們想要吸引和留住會受到金錢以外的其他事物所激勵的人才。李曼解釋了他們的公式：

> 創造偉大的夢想。夢想必須簡單、易懂，而且成果可評量。吸引對的人一起並肩合作。持續評量成果。可用此公式創造、營運或增進幾乎任何事物。（Harvard Business School, 2009）

在《3G之道》（*The 3G Way*）一書中，作者法蘭斯可・賀蒙・迪梅洛（Francisco Homem de Mello）摘要說明他們的領導風格是：「夢想＋人員＋文化」。他們僱用一流人才、打造這群菁英能成長的文化，並分享偉大夢想的獎賞。這個法則讓他們從投資銀行、融資，轉型至啤酒和漢堡，將版圖從巴西延伸至拉丁美洲，再到歐洲和美國。

　　這套法則是如何運作的呢？首先，偉大的夢想是公司蓬勃

發展的基本要素。從目標金字塔（見圖10-1）的語言來看，如果他們的夢想目標是改變巴西的經濟環境，並以創造穩定局面的方式，打開這個市場，那麼他們的最終目標可能就是：藉由成為全世界最大的啤酒公司，而達成夢想目標。從他們的夢想和最終目標，公司將全公司的共同目標，往下細分為年度目標（績效目標），然後以執行長目標、副總裁目標、總監目標，一直到工廠員工的方式，來處理流程目標。他們全都將其所擁有的目標，對齊公司的夢想目標。每個人數年辛苦經營後，都實現了個別目標。然後公司再設定另一個偉大的目標。

他們的法則備受許多管理評論家和企管大師的欽佩，其中包括吉姆・柯林斯（Jim Collins），也就是提出「宏偉、艱難和大膽的目標」（BHAG，Big, Hairy, Audacious Goals）一詞的作者。而這個詞也概括說明了李曼、斯庫彼拉和泰里斯的夢想。畢竟，李曼的觀察心得是：「擁有偉大的夢想，要做的事是和抱持小小心願是一樣的。」

教練對話的範例

接下來談到教練實務的技巧。我藉由山姆和他的經理米雪兒之間的對話，來說明相關重點。山姆是一家跨國電訊公司的專案經理，他最近負責管理名為「高峰會」（Summit）的專案。那是一個全公司的專案，需要他進一步發展自己的人員管理技巧，並有能力影響不直接向他報告的專案成員。身為執行者，

山姆必須釐清許多專案問題，讓他感覺疲憊不堪、壓力超大，而且對專案小組的幾位成員感到失望。現在讓我們看看米雪兒如何強調目標，協助山姆重回專案的正軌。

米雪兒：我想跟你談談高峰會專案，特別是想要聽聽你打算怎樣管理專案小組。現在談可以嗎？（山姆點頭）你希望從我們的討論裡得到些什麼？

山姆：能夠跟妳談談我和幾個人之間的問題是件好事，他們拖慢了專案的腳步，事實上，我們也沒有足夠的資源，可以達成目前的專案期限。

米雪兒：好的。看來你目前要面對許多抗衡的力量。我想要談你的人員管理技巧，因為你接下這個管理職務，就是為了要發展這些技巧的。可是，聽你剛才的說法，我在想現在有什麼東西，可以幫助你探索或解決這個問題。

山姆：另外再找五個人加入小組是最好的，但我想妳一定會說，公司沒有這筆預算！

米雪兒：沒錯，我們沒預算再請人了。你現在滿腦子都是人力資源。那麼你目前最迫切的疑慮是什麼？

山姆：老實說，是約翰和凱瑟琳。他們就是沒有產出。他們都說會做，然後都沒做。我無法倚賴他們。接著我問他們工作的事，他們就覺得挫折，或是開始責怪我。真的是惡夢。他們拖累了整組的腳步，第一次交付期限現在已經岌岌可危。

> 教練清楚說明對話的目的，並詢問學員想要做些什麼。

米雪兒：那麼你打算怎樣面對這個問題呢？

山姆：我覺得心力交瘁。我受夠了他們的藉口。我不知道該怎麼告訴顧客，我們無法達成第一次的交付期限。

將學員對問題／疑慮的焦點，轉移到對學員有意義的目標上

米雪兒：我會支持你，而且有信心你能解決問題。我們的討論，會為問題帶來怎樣的良好成果？

山姆：讓約翰和凱瑟琳動起來，做該做的事。

米雪兒：那麼你自己想要什麼呢？

山姆：減少壓力，也有更多時間做我該做的事，順利完成專案。

具體說明想要達成的成果／目標

米雪兒：我覺得你很重視要達成顧客設定的專案期限。準時完成專案，對你有些什麼意義呢？

山姆：盡量把工作做好，讓顧客感到滿意，這是最重要的事。

對達成此績效目標能如何影響成果／夢想抱持好奇心

米雪兒：我們退一步來看看大環境。這個目標對你有什麼重要性呢？

山姆：專案成功會帶給我相關的經驗和紀錄，以後可以申請加入區域的業務小組，這是我的最終目標。

米雪兒：太好了。專案成功表示你朝最終目標邁進了一步。那麼我們回過頭來看看專案。你的整體目標是什麼？

山姆：專案小組的每個人都要為了顧客密切合作，不能光靠幾個人賣力工作。

米雪兒：啊，你對小組某些人有意見。那麼你希望和他們建立怎樣的關係？

山姆：我希望他們負起責任，並以他們的工作為榮。我也希望

他們尊重我。

米雪兒：聽起來你有兩個目標：1.讓專案回到正軌，好讓顧客滿意。2.改善和約翰與凱瑟琳的關係。你認為設定這兩個目標對你有幫助嗎？

山姆：絕對有。

摘要說明兩個績效目標，鼓勵學員接著制訂流程目標

米雪兒找山姆討論她已設定的待辦事項，這是她一開始和山姆對話時就已清楚說明的。但是，與其強制執行這個事項清單，她請山姆說出他想討論的事。在接下來的對話中，米雪兒確認他的疑慮，引導討論的主題，從解決問題轉移至理想成果和目標設定。要注意簡短的對話中出現了不同層次的目標：這次對話的目標—山姆想要從討論中得到的結果—以及他較有抱負的目標—對他來說是有目的和意義的事。這是山姆儘管備感壓力、身體疲憊和氣餒的情況下，仍然想繼續走下去的動力，且他已決定理想的成果，並說出代表最終目標的話語。他擁有這個目標，因此，與米雪兒告訴他要做些什麼事相比下，現在他更能承諾達成目標。

目標設定和績效曲線

山姆已界定了他和約翰及凱瑟琳之間的關係出現問題。一直以來，他都無法取得兩人的工作成果，也就是說，他未能充分和兩人溝通目標，而且他們也感覺到山姆不相信他們，因此不願意作出回應。未清楚釐清目標帶來諸多的干擾，以及低落的績

效。沒有清楚的目標，人員無法展現最佳績效，因為他們不知道主管想要達成怎樣的成果。若山姆無法坦誠向約翰和凱瑟琳說明他有意要修復彼此的關係，並在互信和尊重的情況下通力合作，那麼能推動兩人賣力工作的機會，將是微乎其微。

現在我們回過頭來想想第 2 章談到的「績效曲線」。山姆和他們兩人都處於最低績效的「**感情驅動**」階段，相信事情自然而然就會發生。注意山姆似乎設定「**依賴**」（低—中績效）的目標，因為他看似希望能做到「只要他們聽話照做」。相反的，米雪兒採取「**相互依存**」（高績效）的風格。她相信透過和山姆合作，他們將把失望扭轉為奮力向上。米雪兒了解山姆在此領域出現領導技能的困難，進而和他合作，制訂相關解決方案。她謹記若能做到這一點，將有助於山姆達成最終目標。透過這段對話，她覺察到發生了什麼事，這件事也成為她的優先事項，因為這將影響專案的整體績效。透過她的教練實務，米雪兒為山姆帶來在職的領導力發展訓練。這一課可說是無價之寶。

現在是時候從目標設定，進一步探討現實狀況了。

第11章
R：現實狀況是……？

清楚現實狀況，目標就會更清晰。

定義過幾個不同的目標之後，現在我們需要釐清目前的狀況。有人會說，不了解現狀，就不可能設定目標，因此我們應該先從**現實狀況**開始。我反駁這個論點的基礎是：要進行任何討論，都必須先有目的，才能讓這討論有價值和方向。即使在仔細檢視現狀之前，只能設定一個鬆散的目標，仍舊不能免除這個步驟。然後，當現實狀況逐漸明朗，目標便會更加清晰，而且就算現實狀況稍異於原來想像，目標還是可以修改的。

客觀

檢視現實狀況最主要的標準就是客觀。但是，如果個人存在成見、批判、期望、偏見、疑慮、希望、和恐懼，客觀性還是會被嚴重扭曲。覺察就是看清事物的真正面貌；自我覺察亦即認

清自己心中許多可能讓你無法看清現狀的要素。人們大多以為自己很客觀，但是絕對的客觀並不存在。我們所能擁有的，只是某種程度的客觀而已。

超然

如此一來，要接近現實，必須避免教練和學員對現實可能造成的扭曲。這需要教練保持高度超然，在提出問題時，他的問法還要能夠讓學員確實回答。「你為什麼這麼做？」稍嫌籠統，「是哪些因素影響了你的決定？」則比較容易帶出明確的答案。因為前者容易導致學員去設想他認為教練會想聽的答案，或只是防衛性地為自己辯解。

描述而不批判

教練應該使用描述性的話語，而不是一味的批判。也應該盡量鼓勵學員這麼做。這有助於維持超然客觀的立場，減少足以造成反效果的自我批判，因為那會扭曲個人的認知。圖11-1說明這一點。

　　一般對話使用的詞彙，以及許多領導人之間的互動，都比較傾向圖的左邊。教練實務必須要往右邊移。我們說的話和詞彙用得越具體、描述得越詳盡，批判性就越低，教練的成果也比較豐富。

圖11-1　溝通架構

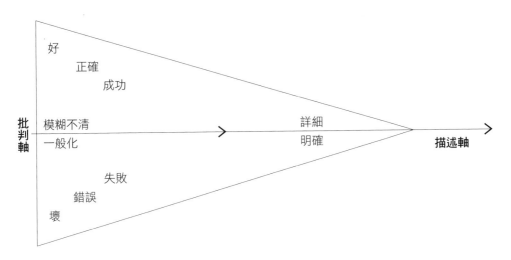

　　有關現狀的問題，學員用在自己身上時，就能提供最直接的自我評量方法。無論用在何處，最重要的是能提出強效的現狀問題。

較深的覺察

如果教練只能從一般的覺察程度提出問題，或許這些問題可幫助學員組織其思想，卻無法探測新的、或更深入的覺察水平。當學員回答問題前必須先停下來思考，也許只是抬起頭來停頓一下，他的覺察就提升了一些。學員必須進入意識的深處，才能取得資訊。就像是他潛進了自己的內在資料庫裡去找答案一樣。一旦找到答案，這個新的覺察就變成意識，學員也就從中

得到力量。

針對你覺察到的人事物，你都可以作出選擇，而且能掌控；
而你覺察不到的，則會反過來控制你。

順著學員的議程

教練順著學員的興趣或思緒，同時監控它和整個主題的相關性，就是「順著學員的議程」的教練實務。唯有當學員已經交代過問題的每個層面，教練才能去提起任何他覺得遺漏的部分。假如學員似乎離題太遠，可以提出這樣的問題：「你認為這和我們談到的問題有什麼關係呢？」此舉可以把他帶回主題，或是揭發一個真正的理由。無論是哪一種結果，它都可以讓學員繼續引導整個過程。此外，這樣的做法也能讓雙方探索並釋放內在的潛力，以及尋找可面對任何挑戰的資源。

同儕間直接溝通

在職場上，運用教練模式可能需要一點點調整。假設有一位名為艾麗森的資深的部門主管，她想弄清楚彼得的部門為什麼發生了一個明顯的問題，並希望有所改善。如果她開門見山地談這個問題，彼得很可能覺得有威脅感，因而產生戒心。如果讓他引導兩人的對話，他會帶出她想處理的問題嗎？

相反的，艾麗森應該聚焦於目標，確保她對於這個問題的觀察並不抱著批判態度。當然，這必須要有很強的自我管理，這也是為什麼人們把EQ視為比技術知識還重要的領導素質。艾麗森一開始可能可以這樣說：

艾麗森：我發現我們兩個部門之間發生了一些事，想要跟你談談。你現在有空嗎？（保羅點頭）我希望我們兩個部門之間能合作無間，但我看到的剛好相反，磨擦經常發生。你對於這事有什麼看法呢？

艾麗森採取有建設性的做法，在不批評現況的情況下提出問題，並設定她和彼得有合作的空間，能一起解決這個重要的問題。

　　一旦員工們開始看到彼此是支持的力量，而不是威脅時，他們就明顯樂於提出他們的問題。這樣一來，就可能會出現誠實的診斷和對話，而及早帶出解決方法。而職場上所盛行的怪罪文化，那是違反教練實務的，並會造成「假象症候群」，或是「我會說你想聽的話，或是任何不會讓我惹上麻煩的話」。此後所作出的任何改正行動，都是基於這個假象之上。明智的教練會從一個比較一般的談話開始，然後順著學員的話語。教練可以先幫助學員解決一個比較不困難的問題，以證明他是支持的力量，而不是威脅。這種方法比較可能適時導出問題的起因，而不是只看到問題的症狀。想要一勞永逸根除問題，就不能只看到問題的表面。

運用感官

如果學員是在學習一種新的實務技能，例如如何操作一個工具，不管是操作火車引擎或是揮動網球拍，教練還是必須把重點放在感官，也就是：感覺、聲音和視覺。

身體的覺察自然會帶來自我改正。乍看之下也許很難相信，但你可以試著閉上眼睛，將注意力集中在臉上的肌肉。或許你會注意到皺起的眉頭或緊繃的下巴。覺察到這點之後，幾乎就可以同時體驗到一種放下的感覺，之後眉頭或下巴就會完全放鬆。同樣的原理也適用於比較複雜的肢體動作。假如將注意力集中在移動的身體部位，就可以感覺到效率降低的元兇在哪裡，進而自動鬆開肌肉，因而增進績效。這是教導運動技巧和熟練度的全新教練法則。

內在覺察可以提升身體的效能，進而改善技術。這是從內而外的技術，而不是從外而內。而且，這是你自己用心體會，經過整合之後專屬於你的身體的技術，而不是由別人來告訴你什麼是好技術，然後你再去逼自己的身體去適應它。哪一種比較會帶來極致的表現？

努力嘗試或設法改變身體的緊張狀態和不協調的動作，往往會失敗。

如果學員正在學習採用新行為，例如為了改善簡報的成效而學習高效溝通，那麼身體和內在的覺察也是很重要的。這時候，提出類似以下的問題，要求學員描述上一次做簡報的經驗，請

他們留意自己目前的狀態：

- 站在觀眾面前，你有什麼感受？

- 你注意到自己的步伐嗎？

- 開始說話時你感受到怎樣的情緒？

- 以1-10分為評量標準，你覺得自己有多少自信？

- 你的呼吸速度如何？

- 在開始說第一句話之前，你都在想什麼？

- 你的站姿如何？

- 哪些方面你覺得表現得很成功？

- 你的肢體傳達了什麼訊息？

讓他們有機會說說感受。不斷提出開放式的問題並傾聽，別讓沉默主宰一切。

評估態度和人性傾向

自我覺察的範圍，也應該要擴及你當下的思想、態度和人性傾向，以及許多我們平時較少意識到的一切。有些牢不可破的信念和意見是我們與生俱來的，而有些則是直接來自童年，它們會影響到我們的認知，以及我們與別人的關係。假如我們無法看清它們的存在、減輕它們的影響，就會扭曲我們對現實狀況的感覺。

　　身體和心智是互相連結的。大多數思想都帶著情感；所有

的感情都反映在身體上；而身體的感受往往會觸發思想。因此，各種思慮、障礙和束縛都可以從心智、身體或情緒三方面去嘗試解決，往往只要理出其一，剩下的就能一併獲得解放。然而，並非總是如此。例如，揮之不去的壓力，可能因為找到身體的緊張部位而獲得緩解；有些感覺會促使人們工作過度，需要喚醒這方面的覺察；或是發掘自己固有的心態，例如完美主義。也許有必要三方面分別處理。在此我想提醒讀者高威曾提過的：內心遊戲的運動選手在設法排除或減少內在障礙之後，外在的表現都有所改善。

限制深度

該是時候忠告讀者：教練也許會發覺自己正在深入探測學員的動力和動機。這是轉型教練的本質，它面對的是病根，而不僅是症狀而已。教練需要做的事很多，不像在辦公室裡，只要掩飾許多上司下屬之間的裂痕即可。但是它的成果也較為豐碩。然而，如果你遭受到不當的教練訓練，或是生性膽小，那麼就別走這條路。如果你懷疑某些員工嚴重交惡，那麼最好找個擁有必要技能的專業人士來幫忙解決。教練和顧問之間是有區別的。教練主要是主動行動，前瞻未來，而顧問通常是回應式的，而且回溯過去。

現實狀況的提問

有關現實狀況的問題，尤其要遵守第7章討論過的「眼睛看著球」的指導綱領。以下以略微不同的詞彙再說明一次：

● **迫使學員去思考**、檢視、看、感覺、用心投入，最基本的做法是要求回答問題。

● 必須提出深入剖析、且切中重點的問題，才能取得詳盡的**高品質答案**。

● 有關現實狀況的答案應該是**描述性**，而**不帶批判色彩**，才能確保誠實和準確。

● 答案必須具備足夠的品質和頻率，教練才能組成「**意見回饋循環**」（feedback loop）。

在現實狀況這個階段裡的問題，大多數應該始於詢問性的「什麼」、「何時」、「何地」、「何人」和「多少」。如前討論，應該少用「如何」和「為何」，或只在其他詞語不足時才使用。儘管詢問性的言詞尋求事實，但「如何」和「為何」只會引出分析和意見，同時也會引發防衛心態。在現實狀況階段，事實很重要，而且就和警察調查案件一樣，在所有的事實都到位之前，如果先進行分析，就會形成理論，之後的資料蒐集也會帶著偏見。教練尤其需要提高警覺、邊聽邊看、蒐集所有線索，

才會知道接下來的提問方向為何。在此必須強調，要提升的是學員的覺察力。教練往往並不需要知道一個狀況的所有來龍去脈，但是要確信學員對這一切都很清楚。總之，需要了解一切事實，進而提出最佳答案的人，並不是教練本人。

有個現實狀況的問題，效果通常很好：「針對這個問題，你到目前為止採取了什麼行動？」接著問：「哪個行動發揮了什麼效果？」這可以用來強調行動的價值，以及行動和思考問題之間的不同。人們時常花很多時間在思考問題，但只有在被問到採取了什麼行動時，才恍然大悟，其實自己根本就在原地踏步。

在商業教練的情境中，現實狀況包括：引起學員對外在現實狀況（組織策略、政策和流程、政治情勢、行為準則、文化、不成文規定、權力動態等等），以及學員內心的現實狀況（內心思想、感受、信念、價值和態度）的覺察。任何在組織裡工作的人，都與一個內含其他人事物的系統共存。此系統可能可以協助學員達成目標，也可能阻礙他們達成目標。也許舉個例子最能說明這一點。

想像佩特拉設定了一個目標：成功在組織中實行新業務流程。綜觀現實狀況，佩特拉的教練讓她覺察到與她的目標相關的外在現實狀況，這可能包括：了解將被新流程影響的業務團隊之態度和行為、找出業務部門誰擁有阻擋或支持新流程的權力或影響力、業務流程中可能會支持或阻礙人們使用新流程的不成文規定、或組織如何對待流程改變的行為準則。此外，佩

特拉的教練也讓她覺察到與其目標相關的內心現實狀況，例如：她的動力、她對自己能否影響主要的利害關係人之信念、處理反對者的自信，以及成功對她的意義。

初期的解決方案

在現實狀況階段的徹底調查，往往會在教練的第三和第四階段都還沒開始，就已經帶出許多答案。這點真是令人驚訝。往往在現實狀況的階段，或有時在目標階段就浮現明顯的行動路徑，伴隨著一聲驚呼：「我發現了！」令人有股衝動想去完成任務。這一點的價值是，教練應該要在目標和現實狀況的階段停留足夠久的時間，擋下想要提前衝進選擇階段的誘惑。此時，讓我們重溫山姆和他的主管米雪兒之間的教練對話。

米雪兒：你的其中一個目標是希望專案導回正軌，現在專案落後的情況是如何呢？

山姆：事實上，只是服務交付的進度落後了，我們甚至還沒有開始動手做。其他的事，進度都還好。

米雪兒：我們待會再來看看服務交付的問題。你說其他的進度都還好，這是件好事啊，做得好！你是怎樣做到把握其他工作的進度的呢？

山姆：商業分析員努力工作，全程仔細傾聽顧客的需求。軟體開發員及早提出問題，也就是說，我們可以在問題還沒有

協助學員要樂觀，不歪曲事實

協助學員對於現在進度良好的工作表示肯定和欣喜

發生之前，就能在測試階段解決它們。

引起學員對職務和貢獻的覺察，以及過程中對他自己的認識

米雪兒：在這樣的合作模式下，你對商業分析員和軟體開發員作出了怎樣的貢獻呢？

山姆：我讓他們了解小組對他們的期待，而每個職能小組每次最少要有兩人參加顧客會議，因此可以取得第一手消息。

米雪兒：你還做了些什麼呢？

山姆：我在開始進行專案時就跟每個小組長簽訂合約，達成監督進度和個人績效的協議。

米雪兒：還有呢？

山姆：我直接向個別人員提出任何疑慮，確定能掌握每一個額外賣力工作，因此創造佳績的人員。

把覺察的範圍擴大至個人以外，以包括其他（個人、小組），以及學員所屬的系統

米雪兒：你和其他小組工作的方式，和對於服務交付人員的方式，有什麼不同的地方？是你說的約翰和凱瑟琳，對嗎？

山姆：他們是最晚加入小組的人，即使我請他們參加專案小組的會議，他們都沒來開過一次會。

米雪兒：在工作的方式上還有什麼不同的地方嗎？

山姆：我聽包伯說他們不可靠，因此當我知道他們會加入小組時，我有點失望。我真不應該選他們的。

米雪兒：你認為這件事如何影響到你和他們的互動？

山姆：我想一開始我是對他們有點冷漠的。而且老實說，我沒有花太多時間在和他們工作，如果和我花在其他成員的時間相比的話。

米雪兒：如果你是他們，你會希望專案經理做些什麼呢？

山姆：提供清楚的方向，然後就放手讓我用自己的方法做事，
　　　而不是經常從中介入。

米雪兒：你覺得約翰和凱瑟琳會怎麼想你管理他們執行專案的
　　　方法呢？

山姆：我確定他們一定會覺得我管得太多太細了。

米雪兒：你覺得他們需要你這個專案經理做些什麼？

山姆：自主權、信任、覺得自己是專案小組裡很重要的成員。

米雪兒：你要怎樣創造這樣的氛圍呢？

山姆：嗯，我想我應該一開始就和服務交付小組的主管簽約，
　　　然後花更多時間與約翰和凱瑟琳一起工作，讓他們有歸屬
　　　感。我一開始就全錯了！我要走了，馬上來做這件事。

米雪兒採用積極傾聽和強效提問的方法，協助山姆進一步覺察
到目前的現況。她一開始先帶領山姆對目前良好作業的覺察，
應該對這一點及他個人的優點感到欣慰。

　　接著，米雪兒把山姆的注意力帶到外在的現實狀況，也就
是：行為準則、文化和組織藍圖內的政治情勢。山姆要能夠自
行探索這段旅程，他必須客觀了解目前的障礙，以及人員的想
法。這一點米雪兒在絲毫不帶批判眼光的情況下，就協助他做
到了。

　　另一個現實狀況是山姆的內心世界，當中包括：他的想
法、感受、假設、自我期望，以及與他身為當中一份子的外部
現實狀況之關係。

　　也要注意：米雪兒只在山姆和她分享想法和意見後，她才提出自己的看法。

現實狀況和績效曲線

米雪兒引領山姆把焦點放在其人員領導方法對專案小組成員所造成的影響，進而提升他對個人領導力的覺察。山姆承認自己愛插手管理大小事務（這是依賴階段的指標），同時也缺乏對別人的信任。

　　此舉導致績效低落，當中有些小組成員更出現防衛行動、怪罪他人，以及不願負責。也有跡象顯示，山姆也使用獨立階段的作業方法，因為他必須自行解決問題、要更長時間賣力工作。你也許會覺得獨立階段的領導風格，也就是「我注重達成高績效」的想法是可以理解，也是再健康不過的想法。但看到山姆扛下解決問題的擔子、工作時間更長和更賣力，以致於自己變得疲憊不堪，你作何感想？如果山姆一開始就願意採納「彼此合作就能真正成功」的做法，並實行相互依存階段的作業方式，他將培養出小組成員的向心力並自行解決問題，因為他們感受到要為個人高績效做主，因而不接受低標準。很明顯的，山姆有意邁向相互依存的領導風格。另一方面，米雪兒藉由她的強效問題和積極傾聽，引導山姆對應從現況如何開展領導力的覺察。

第12章
O：你有什麼選擇？

當你確定自己已經腸枯思竭，那就再想個點子吧。

成長模式的選擇階段，其目的不在於找出「正確」的答案，而是盡可能創造並列出所有可能的行動方案。在這個階段，選項的數量比每個選項的品質和可行性來得重要。用腦力激盪找出所有選項的過程，就和所有選項的清單一樣重要，因為它讓創意流動起來。有了這麼大量而富有創意的選項，我們才從中選出具體的行動步驟。在蒐集的過程中，假如有人偏好某項選擇，刻意審查、從中作梗，或表示想法必須完整無缺，那麼就可能錯失一些重要的點子，選項也就有限了。

提出最多選擇

教練要盡量從學員或他所教練的團隊中，引導出最多選擇。要做到這點，他需要營造一種環境，讓參與者覺得自己可以安全

表達自己的思想和點子，而且不用受到限制或擔心遭受教練或其他人的批判。所有的點子，無論顯得多麼愚蠢，都必須記下來。這通常都是由教練記錄，因為它們也許會包括某個點子的胚芽，也或許在往後的建議當中，會凸顯它的重要性。

負面的假設

在商業或其他問題中，有一個最容易造成創意點子受限的因素，就是我們一向以來抱持的種種假設，其中有許多是我們幾乎意識不到的。例如：

● 這做不到。

● 不能那樣做。

● 他們絕對不會同意。

● 這非得花一大筆錢不可。

● 我們花不起那個時間。

● 競爭對手一定也想到這個了。

還有很多。要注意，它們都包含了負面的意義，或表示不予理會。好的教練會請他的學員問自己：

● 如果沒有任何障礙，你會怎麼做？

若出現特定的干擾因素，教練會繼續提出這樣的問題：「如果……？」例如：

- 如果你有大筆夠多的預算？
- 如果你有更多員工？
- 如果你知道答案的話，那會是怎樣的情況呢？

這個流程會暫時繞過理性的審查。利用這個流程，你將釋放更多富創意的思維，而且或許困難不是那麼難以克服。也許另一位團隊成員知道一個可以避開某個障礙的方法，因此在多人的集體貢獻下，不可能也成為可能。

九點練習

在我們的教練訓練課程裡，有時我們會利用知名的「九點練習」，以圖像的方式指出每個人可能抱持的假設。不熟悉，或是曾經做過卻忘記答案的讀者，請參閱圖12-1。

圖12-1　九點練習

只能用四條線，把九個點連接起來。你的筆不能離開紙張，而且直線不可重疊。

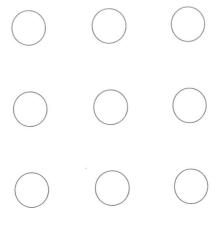

也許你記得，必須排除的假設是：「你必須把線畫在方形之內。」不過，先別太得意。你能不能用同一個規則，但只用三條線或更少的線，把九點都連起來？現在，你為自己設下了什麼限制？

當然，沒有人說你必須讓線通過這些圓圈的中心點，但我打賭你一定是這麼假設的。那麼兩條線，或甚至是一條呢？

沒有人說你不能把紙張撕下來，捲成圓錐形；或把它撕成三條；或摺成手風琴。這個練習就是要破除另一個假設：我們只能有一個變數，即線條的位置。但是有誰說你不能移動那九個點？認清所有可能的變數，就會開拓我們的思維，以及我們一系列的選項。破除這些自我設限的錯誤假設，可以讓我們得到自由，以新的方法解決舊有的問題。關鍵在於找出錯誤的假設，如此便不難找到解決方法。（一些解法請參閱附錄3）

培養創意思考

如果人們容易囿於他們熟悉的觀點或思考方式，不妨提出這樣的問題：「如果你是領導者，你會怎麼做？」或「想想你最仰慕的領導者。他們會怎麼做呢？」讓他們用更有創意的自我去思考。可以提出這個問題：「SuperX會怎麼做？」讓學員想想自己仰慕的**英雄**之特質，進而和他們的內在優勢連結。

或是邀請他們邁開一步（甚至是真的向前走一步），接近他們的次人格的思維（我們每個人都有次人格，見第23章），

特別是一些通常不會帶進工作裡的個性，例如：超級摩托車賽車手。

　　發掘選項的另一個強效方法是：為他們想解決的主題或狀況提出**比喻**。發展該比喻並盡量貼近它；不要把它和現實對照。看看在比喻的世界裡，會不會出現解決方法。

　　學員用盡了所有資源後，你可以提議進行**腦力激盪**，發展一些想法，進而擴大可行選項的範圍。此舉也可以發揮他們的創意和機智。提出不企盼強行的想法，反而會鼓勵學員提出更多想法。

為選項分類

利益與成本

一旦建立了完整的選項清單，接下來的意願階段便只是從一大串選項中，作出最佳選擇。然而，許多工作上的問題都比較複雜，在這類問題中，或許必須重新檢視所有的選項，記下每一條行動路線的利益和成本。同樣的，這也應該以教練模式來進行，此時可能會有兩個或兩個以上的混合點子浮現，而成為最佳選擇。在此階段，我有時會請學員為每個選項評分，從1到10分，表示對於選項的喜好程度。

教練的意見

學員耗盡其選項清單後，教練可以提出自己的意見。然而，為

維繫學員的成長，在此提出一些忠告。教練要如何提出自己的意見，同時又不會減損學員自己做主的感覺？很簡單，只要說：「我還有另外幾個可能的選項。你想聽再告訴我。」學員也許會請教練等他們走完某一段思路再說。教練所提的任何建議，應該頂多和其他的選項同樣重要。

安排選項

列出選項時，如果各項目是以直向欄排列，就會有個下意識的層級（較重要的項目排在前面）產生。要避免這種情況，可以用隨機方式寫在紙上，就像一個填字遊戲專家才能解出來的重組字。

發掘選項練習

讓我們來看看米雪兒如何和山姆一起發掘選項。

利用腦力激盪和強效問題：「還有呢？」和「如果是⋯⋯？」，擴大思路和創意。

米雪兒：我們來腦力激盪一下，列出你可能可以做的事，來激勵專案小組的每個人。假設你沒有任何限制，你可能會做什麼？

山姆：我會加薪給他們。

米雪兒：還有呢？

山姆：我會讓他們休更多的假。但這些事不在我的控制範圍內。

米雪兒：你在你控制範圍內可以做些什麼呢？

山姆：我可以讓他們的小組長知道，他們的表現傑出，因此到了年底有資格分紅和加薪。

米雪兒：還有呢？

山姆：我會更常說謝謝你。

米雪兒：還有呢？

廣泛蒐集想法

山姆：我會設法讓每個人覺得自己是一個大團隊的一份子。但還沒想到我要怎麼做。

米雪兒：如果錢和時間都不是問題，你會做些什麼，讓大家覺得自己是大團隊的一份子？

山姆：我會把專案小組的每個人都聚集在新大樓裡。

米雪兒：如果你是我們公司的執行長呢？你會做些什麼來激勵這個專案小組的每個人？

山姆：我會讓他們知道，我非常重視他們所做的工作，以及他們的工作對公司的未來是如何重要。

米雪兒：如果你是約翰或凱瑟琳，你會做些什麼來激勵專案小組的每個人？

山姆：噢，這有點難回答……我想我會找個新專案經理來換掉我自己！

米雪兒：如果你可以找一個新的專案經理，你覺得約翰或凱瑟琳希望這個新經理有哪些行為？

山姆：耐性。不批判。他會幫約翰或凱瑟琳自己釐清問題。他會和他們討論，而不是質問他們為什麼會發生問題。

米雪兒：如果你是世界知名的專案管理專家，你會做些什麼來激勵專案小組的每個人？

山姆：我會和每個小組成員每月開進度會議一次，幫助他們發揮潛力。

米雪兒：還有呢？

山姆：我會和成員每週開個短短的會議，讓每個人都清楚一週的工作重點。

米雪兒：還有呢？

山姆：我會為大家引進一個更簡單的追蹤專案進度方法。

摘要說明選項，並邀請學員衡量優點/缺點

米雪兒：我們剛剛看到一些激勵專案小組成員的做法：加薪、讓他們的小組長知道他們的表現良好、更常說謝謝、把大家聚集在一起、定期開會、更簡單的進度追蹤方法、新的專案經理。你想要先來探討哪些做法？

山姆：讓大家在同一個屋簷下工作，會帶來很大的不同。

深入探索選項

米雪兒：探討這個選項之前，我很好奇你現在的感受。

山姆：我不知道，我覺得壓力好大。

米雪兒：我想丟個想法進來，你覺得可以嗎？

山姆：當然沒問題。是什麼呢？

米雪兒：如果我覺得手邊工作好多，開始覺得壓力很大，我會更常去健身房運動，幫我舒緩壓力。你會做些什麼來解除壓力呢？

山姆：我不喜歡健身房，這做法行不通。

米雪兒：你會做什麼呢？

山姆：走出戶外吧，種種花草、釣魚，或者是走一走，呼吸新鮮空氣。

米雪兒開始擴大山姆的思考範圍至所有可能的選項，協助他達成激勵每位專案小組成員的目標。簡單而強效的「還有呢？」問題，有助於發掘山姆已知事物以外的選項，進一步引進新想法和可能性。注意米雪兒以有趣的「如果是……？」的問題，邀請山姆探索看似不可能的選項。

米雪兒總結了不同的想法和選項，好讓山姆選擇他希望進一步探索的選項。她現在開始對準目標，從寬度走進深度，並讓山姆覺察到最吸引他的選項之優缺點和可能性。

到了探索選項的結束，米雪兒提出一個她用來緩解工作壓力的方法。她清楚說明，換句話說，是帶有透明度的見解，而且沒有強迫他人非這樣做不可。當山姆拒絕了這個做法時，米雪兒幫助他擴大降壓可行性的範圍，讓他找到對自己行得通的方法。

選項和績效曲線

米雪兒教練山姆時，持續秉持相互依存階段的領導風格。所想到的這些選項將有助於強化團隊精神。她也幫助山姆降壓，讓他保持更良好的工作和生活平衡。教練法則和思潮要求教練真正和學員合作，透過提升學員的覺察力和責任感，鼓勵他/她達成高績效。

第 13 章
W：你願意怎麼做？

創造不斷學習的環境，是增進績效的關鍵要素

教練的最後一個階段，就是將討論結果轉為決策。這時候雙方已徹底進行過研究，接著要運用選擇性最廣的素材，建構出一個行動計畫，以滿足一個清楚指定的要求。

「成長模式」中的「W」代表「你願意怎麼做？」裡的意願（will），其中強調意願、企圖和責任原則。缺乏渴望或意願的力量，就無法對行動許下真正的承諾。你已經提出目標（G）、現實狀況（R）和選項（O）的問題，啟發學員看到其他的觀點和可能性後，就應該把新見解與行動連結，新的點子就會出來。我們把「意願」期分為兩個階段：

● 第1階段：**建立當責**。定義行動、時間架構，以及成就的評量方法。

● 第2階段：**後續追蹤和意見回饋**。檢討作業進度並探索對學

習的意見回饋。

伊文思坦（Boris Ewenstein）等人最近在《麥肯錫季刊》（*McKinsey Quarterly*）發表的文章中表示：像是GE、Gap和Adobe Systems等公司「希望制訂比年度目標更具流動性且可變的目標；他們希望更頻繁地意見回饋討論，而不是傳統的每年或每半年一次；他們希望實行前瞻式的人才培育教練，而不是回溯式的績效評分和排名。」這個轉變的重點是：透過一種不同的意見回饋方式，來發展人員潛力和持續學習。這的確與我們的經驗符合──領導全球的醫療技術服務和解決方案公司美敦力（Medtronic）是我們的客戶，目前在全球有88,000位員工，是採用教練法則扭轉績效對話的先驅。我們從2008年開始和美敦力合作，而此法則現已成為其績效和事業發展流程的核心實務，以培育領導者針對持續的績效管理和事業發展，進行有意義的教練式對話。持續發展正是在「意願」階段上演，因為這正是人員落實所學於工作上的時期。我們稍後會談談美敦力的例子，不過我們先討論一下建立當責（accountability）。

第1階段：建立當責

可以這麼說，教練最重要的角色就是確保當責，它和責任不同。當責指的是，教練要去要求學員決定自己要做什麼、何時做，並信任學員會做好。當責之所以重要的原因是：它能將教

練對話演繹為行動。我們都必須對自己的發展負責。在這個重要步驟應用教練法則，意味著協助某人發展出適當的成就評量方式，以及當責的架構，進而整合其目的、目標和待辦事項。這是很重要的績效管理技巧，能將對話轉換為帶有目標完成日期的實際決策和行動步驟。它也能建立緊密的連結，就如同曾參加我們內部研習會的某位領導人所說：「我的小組很喜歡我用這樣的問題來實踐當責：我將如何得知？何時得知？這兩個問題真的能幫助他們通盤考量問題，知道我們已校準目標。」

　　設定當責制度，應提出的主要問題是：

● 你將怎麼做？

● 將於何時做？

● 我怎麼會知道？

當然，你可以增加一系列其他問題，以釐清這些重點。下面我還會提出更多範例，但這三個問題是本階段的重要骨幹。專制的經理人所提出的要求，無論他 / 她是用什麼樣的外交辭令表達，往往是透過下屬無聲無息的辭職、抗拒或不滿所達成的。另一方面，教練卻可以在這個階段的提問，帶著相當程度的堅定態度，而不會造成任何不良感受，因為他不是將自己的意志強加在學員身上，而是激發學員的意願，就如同稍後你將看到的米雪兒和山姆的例子。即使學員的決定是不採取任何行動，他們依然保有選擇與自主感，因此不會覺得自己是遭到嚴厲的問題所壓迫。他們甚至會因為發現自己的態度模稜兩可，而覺

得好笑。如果他們感覺受到壓迫，就代表教練有意無意間透露出他認為學員**應該**要採取特定的行動。若是這樣的要求，就應該直接溝通，而不是透過教練方式。

　　下面我們來看看適用於大部分教練情境的「意願」的提問範例，並看看為什麼這些是強效的問題。

● **你將怎麼做？**這個問題和如下問題是相當不同的：「你可以怎麼做？」或「你想要怎麼做？」或「你比較喜歡哪一個？」這些問題都沒有堅決要求作出決策的意思。一旦教練用清晰、堅定的口吻提出這個問題，就意味著這是決策時刻，他也可以接著問：「你打算採取這裡的哪一個替代方案？」在大部分教練問題中，行動計畫會結合兩個或以上的選項，或是把選項的某些部分組合起來。

選項的定義還很鬆散。現在教練應該提出一些問題，釐清一些特定選項的細節。最重要的問題是：

● **你將於何時做？**這是所有問題中最困難的一個。我們對自己想做或將要去做的事，總是有些波瀾壯闊的點子，但是我們唯有給它一個時間架構，它才開始有實現的可能。有時候光是回答「明年」是不夠的。假如真的要讓事情發生，就必須非常明確地說明時間。

　　如果是個單一行動，答案應該是類似「下週二，12日，上午10時」。通常都會需要一個開始的日期和時間，以及一個

完成日期。如果接下來是要重複行動，那麼就必須制訂明確的時間間隔。「我們每個月第一個星期三的上午9時開會。」教練可以選擇是否要求學員謹守明確的時程。學員也許會掙扎著想躲開期限，但是好的教練不會讓他脫鉤的。

● **這項行動是否符合你的目標？** 現在你有了行動和時間架構，這一點很重要，因為在更進一步之前，必須先檢查行動方向是否朝著這一次教練的目標，以及長程目標邁進。如果沒有回頭檢查，學員也許會發現自己脫離軌道漫遊了很長一段時間。如果發生這種情況，重要的是不要急著去改變行動，而是要檢討，自從上次定義目標之後，至今發生了不少事，因此是否需要修改目標。

● **沿途可能遭遇什麼阻礙？** 有個重點是，未來可能會發生一些狀況，使得行動無法完成，因此必須先排除這些狀況。有破壞性的外在情勢可能揮之不去，但是類似的內在狀況也可能發生，例如學員的懦弱心態。有些人的心力縮減，甚至希望阻礙快點出現，讓他們有藉口不去完成。這種情況可以在教練過程中預先排除。

● **我怎麼會知道？誰需要知道？** 在商業場合，時常發生當計畫改變時，應該被立即告知的人卻在事後才聽到二手消息，這對於員工之間的關係會造成很大的傷害。教練應該準備好利害關係人的名單，並且備妥計畫，讓這些利害關係人能得知消息。

- **你需要什麼支援？**這也許和前一個問題有關，不過支援可以來自許多不同的形式。也許是安排外部人員、技術或資源，也可能很簡單，只是將你的意圖告知某位同事，請他們提醒你，或是讓你可以堅定目標。光是和另一個人分享你的意圖，通常就能產生一種效果：保證你一定會去做。

- **你如何和何時取得這樣的支援？**需要支援卻不採取必要步驟去取得支援，對達成目標毫無助益。教練必須在這一點上堅持，直到學員清楚確定要採取怎樣的行動為止。

- **你還有什麼其他考量嗎？**這是個必要的一網打盡問題，如此一來，學員就不能說教練遺漏了什麼。學員必須負責確定沒有遺漏了任何細節。

- **從1到10分，你對自己採取行動的承諾打幾分呢？**這不是要評量任務確實完成的可能性，而是要學員為自己的執行意圖打分數。任務是否完成有時需要依靠他人的同意或行動，那是無法評分的。

- **為什麼不是10分？**提出類似以下問題，檢查學員的動力和堅持度：「如果你為自己打的分數不到8分，可以怎樣縮小任務的規模或延展期限，好讓自己的分數在8分或以上？」如果分數還是低於8分，請刪除這個行動步驟，因為你採取行動的機率不高。這看起來也許像是在阻撓任務的完成，但並非如此，因為根據我們的經驗，意圖低於8分的人很少能夠貫徹到

底。好玩的是，當學員必須承認自己失敗時，常常會突然找到必要的動力。

承諾

我們時常會發現，無論在職場或家中，自己的工作清單上老是會有一些待辦事項重複出現。我們的工作清單已經皺成一團、塗得亂七八糟，因此必須重寫一張，其中總會有些項目一直留在上面。到頭來，我們會開始覺得有點慚愧，卻還是毫無作為。我們對自己哀嘆：「為什麼這件事我老是做不完？」未完成的工作清單就是我們失敗的證據。這是真的，但你為什麼要覺得難過呢？如果你不想做這件事，就把它刪掉就是了。如果你想要取得一些成功，就別在工作清單上寫下任何不想做的事！

　　要記得，教練的目標就是建立並維繫學員的自信。因此，你必須去教練你的人員去達成自己的目標，就像去達成公司的目標一樣。

書面紀錄

教練和學員必須針對行動步驟和達成協議的時間架構，保留清楚且正確的書面紀錄。這一點很重要。要決定好誰應該做記錄和分享筆記，讓大家都處於同一陣線。學員是發起行動的人，因此如果是教練記筆記，則學員必須閱讀並確認它是正確的，它就是雙方的計畫，而且雙方都已了解計畫，並打算要實行

它。我當教練時，通常會提供進一步支援，並向學員保證，如果他們有需要時，一定能聯絡到我。過了一段適當期間，我有時也會主動和他們聯絡，看看事情的進展。所有這些行動可以讓學員了解，他們不僅（在教練課中）要面對挑戰，更（在教練課之後）有教練的支援。我希望學員完成課程後能培養出自信，並受到啟發而展開行動。若是這樣，他們將能達成目標。

　　對教練來說，確定各方清楚接下來的工作步驟，以及對於何時和如何確認進度已達成協議，這是當責的重要關鍵。

建立當責的實務例子

讓我們實踐所有上述說明，看看米雪兒如何處理山姆的成長模式中最重要的「意願期」的第一階段。

探索所有選項後，開始探索意願

米雪兒：我們探索了許多可行的工作，激勵你的小組成員，並且讓專案導回正軌。你想要推動哪些事呢？

山姆：當然是我每天處理問題的方式，好讓我覺得壓力沒那麼大，也希望其他人也不用扛那麼重的壓力。

米雪兒：那麼你打算怎樣處理問題呢？

山姆：發生問題時冷靜且自信的面對、和人員討論問題，幫助他們自行釐清問題。

提出具體且確切的問題

米雪兒：你將什麼時候開始做呢？

山姆：現在。

米雪兒：你打算怎麼做，好讓自己覺得壓力沒那麼大，而且更

能展開能帶來成果的對話呢？

山姆：我會深呼吸三次，在組織自己的想法之前，先不帶批判地傾聽和了解他人的觀點。我也將確保提問時只關心做得到和做不到的事，而不是找出誰是誰非。

米雪兒：什麼事情會阻礙你保持冷靜和自信與他人討論事情呢？

山姆：如果同時發生太多問題。

米雪兒：你能怎樣面對這樣的事呢？

山姆：呼吸新鮮空氣，保持頭腦清醒。

米雪兒：下次再發生太多問題，而且你需要保持頭腦清醒時，你具體上會怎麼做呢？

山姆：我會到外面公園走個15分鐘。

米雪兒：你會做些什麼，激勵你的小組，並且讓專案導回正軌呢？

山姆：我想我會看看有沒有可能把專案小組都聚集在新大樓裡。

米雪兒：你實際上要如何確定有沒有這種可能性呢？　　　　協助辨識並取
得不同資源

山姆：我會找廠房的負責人，以及了解核准流程。

米雪兒：我認識負責人，你需要我牽線讓你們彼此認識嗎？

山姆：好啊，謝謝妳。

米雪兒：我還可以怎樣支持你做這事呢？

山姆：可以麻煩妳找看看搬遷到新大樓的條件要求嗎？

米雪兒：可以，我可以問問看。現在我們來談談約翰和凱瑟

琳。你在這點上打算怎麼做呢？

山姆：這將是個和他們和平共處的好機會。

預先準備好處理潛在障礙

米雪兒：下次你和他們談話時，你具體上會有哪些不同的作為？

山姆：我會有耐性和冷靜。

米雪兒：實際開會時，怎樣能幫助你有耐性和冷靜呢？

山姆：我需要確定我有時間出席所有會議，一開始先問其他人可能會出現什麼問題，以及可能可以如何解決問題。接著我會複述我聽到的話，提出沒有批判性的問題，一遍遍了解實際情況。

米雪兒：聽起來不錯。還有呢？

山姆：我會承認這個專案一開始時並不很順利，然後讓他們知道每個人對專案都非常重要。

米雪兒：你會做些什麼，讓他們兩人能夠放輕鬆，也讓其他人能自在地提出問題呢？

山姆：我不是很確定。我會好好想想。

米雪兒：你會什麼時候想這個問題？

山姆：今天下班坐火車的時候。

讓山姆能當責，問他：我怎麼會知道？

米雪兒：你會怎樣讓自己當責，完成這件事？

山姆：我會寫下自己的想法，明天早上再跟妳分享。

米雪兒：我相信你已經想清楚，不要獨力做所有的事，減少自己需要承擔的責任，而且有能力帶出小組的潛力，樂於努力把專案做好。

山姆：謝謝妳！

米雪兒：我們回過頭來，檢視一下我們一開始談話時設定的目檢查承諾
標：你說你希望看到所有事都導回正軌，希望找到一些方
法來激勵小組成員，以及建立和約翰和凱瑟琳之間的正常
關係。這些事做得怎樣了？

山姆：對於把事情導回正軌一事，我覺得更有自信和樂觀了。
事實上，我覺得我已回到工作正軌，事情沒我想的那麼糟
糕。我也肯定某些行動可以激勵整個小組的，其中包括約
翰和凱瑟琳。

米雪兒：看起來你已經把所有行動都記下來了。你想要現在複確定把達成協
述一次嗎？議的結果記錄
在案

山姆：先不要。我自信自己已經記下所有事情，而且很希望立
刻開始進行這些工作。

米雪兒：從1到10分，你對自己採取所有達成協議的行動之承檢查承諾的水
諾，會幫自己打幾分呢？準

山姆：9分。

米雪兒：要怎樣才會到10分呢？

山姆：知道專案小組成員都和我站在同一陣線。我想現在就跟
他們其中幾個人聊聊。

米雪兒提出的問題之性質改變了，從主要問「什麼」的開放
式、涵蓋範圍大的問題，轉變為包括「何時」和「如何」的精
確問題，促使山姆採取行動。

　　米雪兒讓山姆當責，詢問他的承諾，提問的內容包括專案的大小領域，例如：當山姆說需要深入思考怎樣讓人員更輕鬆提問，米雪兒要他回答何時會進行這個思考。這就把球丟回給山姆，讓他提出議程，而不是米雪兒去告訴山姆她認為應該要做的事。

　　她在這一點上，展現她是山姆的合作夥伴，她能支持他、提供他取得資源的管道、提供想法幫助他達成目標，以及肯定他的能力，表達對他的潛力深感信心。

　　米雪兒回頭檢查山姆原有的目標，確保他的行動和目標同步，然後利用1-10分的評量標準，最後一次檢查山姆對已達成協議的行動之承諾。你可以感覺到山姆已承諾採取行動，因為他提出了一些可讓他朝目標邁進，而且也對他個人有意義和目的之行動。而且這些行動也可對專案小組和專案顧客有幫助。

　　這個範例是典型的教練式領導風格的實踐，也說明了大部分的教練原則。

第2階段：後續追蹤和意見回饋

在這個階段，任何期望上的差距都將浮上檯面，進而展開學習和校準作業。如果人員需要學習、發展和增進績效，重要的是要建立意見回饋的路徑。藉由合作處理意見回饋，以及運用教練風格，學習和高績效就會發生。意見回饋是一個機會，以啟動每個人內在的自然學習系統。

檢查，不是檢核

追蹤行動時，將發生下列三件事的其中之一：

- 學員成功（或部分成功）。
- 他們沒有成功。
- 他們沒去做這事。

問題組6提供你可在這三種狀況下使用的問題清單。重要的是謹記：在彼此同意的一段時間之後，你是檢查（而不是檢核）學員所發生的事。這可以保持溝通管道暢通、行動校準目標。要和學員建立互信的合作關係，讓他們感覺：日後若需要再度把事情導回正軌，他們可以回頭找你協助。如果你是在教練自己的小組成員，而且已建立彼此的互信基礎，那麼萬一在期限之前事情有了變化，或是他們偏離了原本已達成的協議，他們會願意告訴你。

　　檢查他人的行動和進度的目的是要培育人才。在職培育人才是最有效的學習方式，也就是常被引用的學習和發展之70:20:10模式，意思是對於成功高效的領導者而言，大部分的學習（70%）來自於工作經驗，20%來自向他人學習，只有10%來自指導訓練和課程之類的「正式」學習。

　　運用教練實務協助人員面對挑戰，並解決日常問題，是最有效的學習方式。理由很簡單：能立即學以致用，因此，我們依照成人學習的理論，邊學邊做。此外，後續追蹤可以提升學習和覺察力、辨識可能的阻礙，並進一步支援學員，或挑戰他

們去達成目標。咎責或批評在此都沒有立足之地，而且也會抹煞你過去的良好表現。可是，這不代表你不能實話實說。

探索意見回饋

如何將意見回饋轉化為學習和發展的機會？為完成「意願」階段，你必須追蹤和了解有哪些事進行得很順利，以及哪些事下次應該採取不同的做法，這都有賴於探索他人的意見回饋觀點，而非自己提出意見回饋。這意味著教練和學員一同分享來自環境的豐富的意見回饋，而不是教練單方面向學員提出意見而已。我們現在來探討這一點。

來看看最常用的五個層級的意見回饋。依序從最沒有用的A，排列到最有生產力的E，而E是五項之中唯一可以有利於學習和績效增進的層級。其他四項最多只能提供短期的進步，最糟的情況則會造成績效與自尊心更加低落。在商業界廣泛使用A至D，而且乍看之下都很合理，但仔細一瞧就不是那麼一回事了。

A. 教練吶喊：「你真沒用。」這是一句**人身攻擊**的評語，它會傷害人的自尊和自信，而且必然使得未來的績效更差。這句話毫無助益。

B. 教練吶喊：「這份報告一點用都沒有。」這是一句**批判性**的評語，針對報告，而非個人，但還是損害學員的自尊，儘管程度上沒那麼嚴重。然而，這樣說還是無法讓學員知道應該如何

修正報告。

C. 教練介入：「你的報告內容清楚簡潔，但是格式和簡報方式對它的目標讀者來說，太過於俗套。」這樣說避開了批判，也讓學員得到可以付諸行動的一**些資訊**，但細節依然不足，也不會讓人有**做主**的感覺。

D. 教練介入：「你對這份報告有什麼感覺？」現在學員有了做主的感覺，但很可能只是給一個無動於衷的回應，例如「很好」，或是一個**高價值的評斷**，例如「好極了」，或者是「糟透了」，而不是比較有用的描述。

E. 教練介入：「你最滿意的是什麼？」「如果你能夠從頭再做一次，你會有些什麼不同的做法？」「你學到了些什麼？」為回應這一連串的問題，學員就會針對報告本身，提出不具批判性的**詳盡描述**。

所以說，為什麼E例可以大幅加速學習、改善績效呢？因為只有E符合所有教練條件要求。為了回答教練在E中的問題，學員被迫用腦並參與學習。他們必須回憶當時的思維，並且必須經過思考，才能整理回覆。這就是覺察。這可以幫助他們學習如何評估其個人的作業，因此變得更自立自強。如此一來，他們才「擁有」（own）自己的績效，並且有自己的評估。這就是責任感。當這兩項因素都發揮到極致，就會產生學習。簡單說，如果教練只是向學員表達其意見，後者就不會確實用腦，

也不會有做主的感覺，而教練也就無法衡量學員學到了什麼。

　　E 例中的學員，或 C 例中的教練，當他們使用描述性而非批判性的詞彙，就可以避免挑起學員的防衛心態。必須避免防衛心態，因為它一旦出現，真相／現實狀況就會遭到不正確的藉口和辯解所蒙蔽，結果甚至會造成學員和教練都相信這些藉口，而這對於績效的改善毫無幫助。然而，在 C 例中，以及 A 和 B 裡，教練依然保留了評量和改正的權力，而且彼此存在的是依賴的關係，因此學員未來的學習效果就很有限了。我們可以看出 A 到 D 的教練意見回饋都低於理想水準，然而，它們卻是商業人士最常使用的模式。

成長模式的意見回饋架構

我曾經談到使用成長模式來架構教練對話（coaching conversation）。意見回饋實際上就是獨立的教練對話。在這個「意願」階段中，我要與您分享一個「成長模式的意見回饋架構」（GROW Feedback Framework）的路徑圖，來建立成功的意見回饋對話。為了讓意見回饋成為學習的機會，需要提出的主要問題是：

● 發生了什麼事？
● 你學到了些什麼？
● 你打算未來要怎樣用它？

圖13-1　成長模式的意見回饋架構：要點

每個步驟的黃金法則是：學員先分享，然後教練再提出看法。			
1. 設定意向	**2. 肯定**	**3. 增進**	**4. 學習**
• 利用目標問題，設定討論意見回饋的意向和脈絡。這樣可以令人專注和提振精神。 • 先設定脈絡和目標，以做為高生產力對話的基礎。	• 聚焦於學員做得好的地方，可提振其學習動力，以及對其優點的覺察，進而建立自信、加速學習。 • 績效低下時，這仍是重要步驟。學員完成作業後，強調你認為他們做得好的地方。肯定他們的努力，即使未全面達成目標。 • 記得：不提出負面的批判或批評。	• 不批判是安全的學習環境的關鍵，能啟發創意，並讓學員投入學習。 • 提出任何個人建議前，給學員一些時間反省他們希望作出的改變，進而建立他自立自強的信心和責任感。	• 檢查學習進度，以及將發生什麼不同狀況，建立彼此的夥伴關係，強化學員的自信和期望。 • 連結至任何相關的整體發展目標。 • 對具體行動達成協議。確認雙方都很清楚作業的優先順序、期限和承諾。
問：「你／我們想要從這個狀況裡得到些什麼？」	問：「目前／過去有什麼做得好的地方」	問：「可以採取什麼不同的做法？」	問：「你／我們學到了什麼，以及下次你／我們可以採取什麼不同的做法？」
教練可以說：「我希望……」	教練可以說：「我覺得……做得很好」	教練可以說：「比如說……？」	教練可以說：「我學到了……」「我將會採取……的行動」
G	R	O	W

接著我們在成長模式的脈絡下探討這些問題（圖13-2），並看看如果我們運用教練風格，展開整個意見回饋對話時，將如何加速學習並增進績效。遵循圖13-1的黃金法則和祕訣，並可仔細參考問題組7，可協助您在每個階段深入探索。

圖13-2　成長模式的意見回饋架構

每個步驟的黃金法則：學員先分享，然後教練再提出看法。

目標 （Goal）	現實 （Reality）	選擇 （Option）	意願 （Will）
你希望從中得到些什麼？	有什麼做得好的地方？	可以採取什麼不同的做法？	你學到了什麼，以及下次你會採取什麼不同的做法？

意見回饋和員工向心力

意見回饋的品質，常常是員工向心力意見調查的其中一環，也是我們的客戶萬事達卡（MasterCard）要求我們特別注意的地方：人員會希望在一個有高品質意見回饋的環境中工作。辛格‧邦加（Ajaypal Singh Banga）成為萬事達卡的執行長時，他把公司的業務設定為「競爭致勝」。該公司的學習和發展小組舉行年度的員工向心力意見調查，運用全球6,700位員工的問卷資訊，找到了一個可支援此任務的重要領域，也就是改善意見回饋。因此他們與我們（績效顧問公司）聯絡，以協助他

們建立績效意見回饋的文化。

我們為該公司全球1,500位主管制訂了一個「影響力教練」（Coaching for Impact）的計畫，當中就採用了成長模式的意見回饋架構。在員工意見調查中圍繞著意見回饋的問題類型包括：

- 「我可以定期取得意見回饋。」
- 「我取得的意見回饋有助於我改善績效。」

想到這兩個問題，你就可以知道教練風格和成長模式的意見回饋架構如何確保教練**定期**提出**高品質**的意見回饋。一年後再進行的員工向心力調查中，全球主管都已上過我們的課程，而意見調查的結果顯示，績效全面提升，特別是意見回饋領域，進步的幅度更是明顯。

全體人員投入學習

可千萬不要誤會，這個計畫不僅培育學員，更是教練式主管的發展機會。這是一個引起主管們的好奇心的機會，讓他們學到下一次可以採取什麼不同的做法，以創造高績效。畢竟，就如同我曾說過的，主管的思維和行為是影響績效的最重要因素，而這是主管100%可以掌控的。

檢討的實務範例

讓我們看一個實例，了解米雪兒數週之後如何追蹤山姆的當責情況。你將看到她運用問題組6的問題，檢查作業進度，追蹤

和檢討山姆的實務做法。

清楚說明目的

米雪兒：我想要追蹤一下你之前說要採取的行動。我記得你對
　　　　「高峰會」專案感到不小的壓力，這幾週你覺得還好嗎？

山姆：好些了。但約翰和凱瑟琳還是我的問題。

先關注良好的表現

米雪兒：好的，聽起來我們得要好好談談。你說你覺得壓力沒
　　　　那麼大了。你是怎樣減輕壓力的呢？

山姆：我用我們談到的新架構，主持了一次會議，收穫不錯，
　　　每個人都渴望每個月的一對一對話。

米雪兒：太好了。還有呢？

山姆：我跟妳介紹的廠房人員聯絡過了，他說會考慮我的要
　　　求，把小組都搬到新大樓去。這是個好消息，因為成本影
　　　響非常小。到時候我會請妳核准要求的。妳對這樣做沒問
　　　題吧？

米雪兒：當然沒問題。那麼提出問題和互相當責的流程進展得
　　　　怎樣了？你要在這兩個地方做點改變，對吧？

山姆：我正在和部分專案小組成員討論這個部分。我正在組成
　　　另一個由金帶領的小組，檢討流程和制訂新流程。珍妮正
　　　在安排下週的小組會議，討論當責，以及制訂一些工作規
　　　則。

慶賀成功

米雪兒：你向前邁進了一大步啊！我正在想你要怎樣不把所有
　　　　事往自己身上攬。你正在實驗採用新態度，進展得如何
　　　　呢？

山姆：出乎意料的好。把問題看作是機會，讓人員勇敢向前走和成長，也幫助我重新把焦點放在人的身上。

米雪兒：把焦點放在人身上之後，你感覺怎樣？

山姆：主要來說，真的很棒。我花更多時間和專案小組談話，我想我也在教練他們吧。

米雪兒：你注意到這樣做對小組產生了怎樣的影響呢？

山姆：到現在為止，我看每個人都好像比較開心了，緊張的氣氛也少了。我希望約翰和凱瑟琳也是這樣。

米雪兒：沒錯，你說你在這個地方還是有問題。現在來聊聊這個，你覺得可以嗎？

山姆：當然沒問題。我想我們應該要進一步面對這個問題了。他們還是沒做份內的工作，也好像沒在注意我所有的電子郵件。

米雪兒：你是怎樣和他們互動的？

山姆：我在電子郵件裡措詞謹慎，沒有說一些會讓他們誤會的話，但同時我很堅持他們要盡責做事。

米雪兒：聽起來你還沒有機會和他們聊聊。

山姆：沒錯。我傳了幾封電子郵件給他們，他們就是不回覆。

米雪兒：嗯嗯……看起來他們真的很抗拒。除此之外，你還做了些什麼？

山姆：我重傳電子郵件，但還是沒有回答。

米雪兒：我覺得這裡面還是有些什麼沒有明講的事。你有什麼看法呢？

> 維持不批判，詢問事情的來龍去脈，發生的事或沒發生的事；過程中沒有說學員有錯

> 說出她感覺到的狀況，然後讓學員回應真心話

山姆：我想他們故意想證明某些事，但我可不會彎腰，和他們攪在一起。這種時候，他們想要爽爽拿高薪，卻什麼都不做。

指出學員用的措詞，引起他的覺察，使他看到自己的情緒

米雪兒：談到他們的時候，我注意到你的措詞改變了，而且聽得出來你很沮喪。你注意到什麼了嗎？

山姆：沒錯，我很生氣。他們想要這樣袖手不管，簡直是荒謬。

米雪兒：你願意聽一些也許不是很好聽的真話嗎？

山姆：願意。

事先取得學員的同意，再以不批判的方式提出意見回饋

米雪兒：聽起來你是在和他們對峙。我聽到你說我們和他們。這事你怎麼看？我這樣說公平嗎？

山姆：嗯……他們並沒有花一絲一毫的力，去成為小組的一部分。

米雪兒：你做了些什麼，讓他們感覺自己是小組的一部分呢？

山姆：我已經邀請他們參加專案小組會議，他們就是沒出席啊。

正面和學員抗衡，說明他並沒有按彼此同意的事項，執行相關的作業

米雪兒：我們曾經談過這件事，我記得你說你要和他們好好相處，告訴他們事情一開始進展得不順利，而且你打算讓他們知道，他們對專案很重要，希望重新和他們建立關係，彼此相信和尊重。這事進展得怎樣了？

山姆：沒有進展。

米雪兒：啊，好的。為什麼沒進展呢？

山姆：就好像我說的，他們沒有回我的電子郵件。

米雪兒：山姆，這件事上，我們好像在原地打轉。我關心的是你用電子郵件和與你有衝突的人溝通，特別是你打算讓他們覺得自己是小組裡不可或缺的一份子。我覺得你也許想要避免和約翰及凱瑟琳說話，因為這實在太困難了。你對這有什麼看法呢？

山姆：我真的不太想和他們說話，但如果他們沒回我的電子郵件，可不是我的錯啊。

米雪兒：沒錯，你不可能讓他們回覆你的電子郵件。但是，我在想你能做些什麼不一樣的事，展開你們之間的對話。

山姆：我想我可以打電話給他們。但很有可能他們看到來電顯示是我，不接我的電話。

米雪兒：如果你用你正在實驗的態度來面對這個問題，也就是：讓人員以及你自己勇敢向前走和成長，你會怎樣和約翰及凱瑟琳互動呢？

山姆：我會深呼吸，走到他們的座位上，請他們喝咖啡，好好聊一聊。

米雪兒：聽起來是個不錯的開始啊。你還會做什麼呢？

山姆：我也許會先出去走一走，釐清頭腦、保持冷靜。

米雪兒：好的，還有呢？

山姆：也許我會把想討論的重點都寫下來，恐怕自己記不住。事實上，這些事我全都會做。

米雪兒：你會怎樣記得這是你自己勇敢向前走和成長的機會呢？

感覺學員在抗拒，因此把話說得更清楚，方便彼此討論

和學員合作，發展成功的架構及／或評量條件

山姆：我想我會寫成筆記裡的第一條。

米雪兒：山姆，你什麼時候要和他們說話？

山姆：下個禮拜。

提出要求，協助學員打破抗拒感

米雪兒：山姆，我希望你優先處理這件事，這個禮拜就和他們說話。我看得出來這件事怎樣影響到你，而且我知道你想要解決問題。你已經成功把解決問題視為成長的機會，因此我很有信心你能夠和他們和平共處，讓他們覺得自己是小組不可或缺的一份子。你現在怎麼想呢？

山姆：我在想，它是優先事務，我馬上處理它。

米雪兒：你想要處理它，還是解決它？

山姆：一次就解決它。

設定新當責，檢查學員學到了什麼

米雪兒：山姆，你具體來說會採取怎樣的行動？什麼時候開始行動？

山姆：我會走過去新大樓那邊，拿兩片巧克力請他們吃，也邀請他們一起去喝杯咖啡。

米雪兒：你實際上會說什麼，以及你領悟到了什麼呢？

山姆：我一開始會說很抱歉丟很多電子郵件給他們，並表示我們要一起思考怎樣建立互信和尊重的關係，好讓他們對小組作出可讓每個人都受益的貢獻。我正在學習我不需要感覺他們正在針對我，而且我們是站在同一陣線的。

進一步確認學員建立了信心和自我信念

米雪兒：聽起來是個不錯的開始啊。山姆，今天你回家前，告訴我你的進度。謝謝你願意盡早解決這個問題，展現出你個性裡面真正的優點。

請注意：米雪兒如何運用強效的問題讓山姆反省事情的發展、有什麼效果、他的學習心得，以及他會如何做不同的事。儘管米雪兒有好幾次差點忍不住想告訴山姆去和約翰及凱瑟琳直接談談，但她還是引導山姆自行作出結論，他就更有可能後續追蹤自己決定的行動。

米雪兒沒有緊盯著山姆表達的抗拒不放，只是簡單地把他的心態說出來，以毫不批判的方式，請他說明自己的現況。此舉帶動雙方繼續對話，並揭露山姆不願意展開困難的對話，因此米雪兒幫助山姆制訂他感到較自在的新行動計畫，要求他在下一個當責任務之前，立即執行計畫。

如同這個範例，如果將教練方法整合至領導風格，那麼學員就不會感覺好像在上「教練課程」一樣。門外漢也許甚至不覺得這是在教練，可能只會認為某人特別樂於幫助和體恤他人，也是一位良好的傾聽者。無論是架構的或非正式的教練課程，提升學員的覺察力和建立責任感，都是教練實務的基本原則。

意願和績效曲線

米雪兒邁向教練的最後步驟時，她的目的是激勵山姆採取行動，讓他進一步邁向自己的目標。這樣一來，就把對話從一些好想法帶向承諾，再帶向採取行動，以達成更高層級之目的。透過將山姆帶回到完成專案的重點，米雪兒引導他以相互依存來領導專案小組，釋放山姆啟動和激勵良好團隊合作的潛力。

米雪兒認定領導者必須保持身心平衡，好讓他們不會重返任何早期的教練階段，因此，她積極帶領山姆朝自我管理的方向邁進，讓他保持這份平衡感。最後，她表現出和山姆是處於同一陣線，讓他知道她會支持他，也相信他。

創造學習

我們回過頭來看看美敦力的例子。他們教領導者或主管如何運用教練風格持續展開績效對話，進而創造出全新的績效管理法則。過去聽話照做的方法早已支離破碎、隨風消逝，現在要來好好修補它了。取而代之的是，教練和學員彼此合作，探討做得好的事，並尋找成長的機會。焦點在於學習。當我們把教練風格運用於當責，你已透過找出做得好的事情並加以確認，而將焦點放在創造學習機會、選擇和自動自發，並且在必要的情況下，支援學員改變方向，或用不同的方法做事。設定和追蹤是否當責，讓人持續追逐激勵人心的夢想目標，讓看似無聊的流程目標更引人入勝（參閱第10章）。因此，透過教練實務的總體原則，我們提升了學員的覺察力和責任感，學員的當責態度從傳統的命令和控制文化，搖身一變成為高績效的關鍵工具。

第 14 章
教練的意義和目的

重點不在於成為領導者，而是做自己，並且充分利用自己
的天賦、技能和精力，展現自己的願景。毫不保留。

——華倫・班尼斯（Warren Bennis）

現在我們已經從頭到尾看了一遍成長模式的順序，開始掌握到
教練基本實務。現在是時候來探討更深入的一點，看看教練實
務如何協助你與生命的意義和目的接軌。強烈建議您要走過這
趟旅程，因為這裡才是真正的藏寶之地。儘管尋找意義和目的
聽起來頗為艱鉅，但你的旅程完全在你的掌控之下。

我曾經在第 1 章提到，自我實現者尋求意義和目的，而且
往往發現，貢獻他人、社群以及社會，才是真正的意義和目
的。越來越多人正以行動說明，他們在乎別人是否受到公平待
遇，以及所面臨的困境，一如他們在乎自己的處境一樣。這些
新興的利他主義傾向，也讓他們質疑企業的道德、價值，以及
利潤動機。人類是否能成功且永續地回應外在挑戰，與我們如

何和自己連繫息息相關。Google 公司將它的領導力機構取名為「搜尋自我內心」（Search Inside Yourself）不無道理，或者如華倫・班尼斯所說：「重點不在於成為領導者，而是做自己」，也都是其來有自。

不論是教練式領導者或是專業教練，所做的都是在釋放出潛力，進而發揮最佳績效──領導者就是發揮其團隊的潛力，教練則是釋放學員的潛力。我們看看目前商場的現實狀況，就知道我們為什麼迫切需要教練了。

人才爭奪戰

《金融時報》（*Financial Times*）一篇文章的摘要標題說明：「核心價值再接軌：貪婪在商業新世代不是好事：工人團結力量大：商業的靈性：史提芬・奧佛萊爾（Stephen Overell）也加入搜尋終極競爭優勢的陣營，發現許多公司正試圖為員工提供意義和目的。」單靠高薪，已不足以維繫一流人才。

當時的瑞銀華寶（UBS Warburg）銀行集團副董事長柯斯塔（Ken Costa）表示：「你會看到挫折。一旦心生不確定感、缺乏滿足感時，你就會看到挫折，最後看到人員離職。更多人離職去當義工……我們最後一輪大學生招募面談時，最多人問到的問題是：『你們實行了哪些有關社會責任的政策呢？』這一點讓我們頗為吃驚。這是史無前例的問題。」

企業可以體驗到許多人目前正在面對的同類型的意義危機

嗎？我建議它們可以，且必須這樣做。意義危機還會更廣泛、
更強烈嗎？企業世界，或者是說世界本身，會面臨一次集體性
的意義危機嗎？我們看到許多相關的跡象。經濟和政治指標再
也無法清楚顯示現況。自然環境、不穩定的經濟和政治局面，
以及不斷衰敗的企業道德，使得企業正面臨迫在眉睫且前所未
見的挑戰。然而，企業卻堅守慣有的模式，看不到有必要立即
採取危機管理。大部分的人都認為，更大的危機已到來，但也
有很多人拒絕承認這個事實。

一個服務人群的經濟

很多人相信，企業的態度和角色勢必要有很大的改變，事實上
也因為大眾的高要求，這樣的改變正在世界各地上演。人們表
示再也無法忍受要去為經濟服務，反而是要求經濟來服務人
群。在此前提下，企業會不會學習接受其責任、真正的意義和
目的，或者，它們會繼續不惜代價只謀求眼前的財富，一直到
他們碰到高舉著要求和渴望的普羅大眾，阻擋他們的去路？

　　秉持超凡願景的公司不僅會與大眾的情緒同步，更會走在
他們的前頭，特別是當它發現自己必須承擔社會責任時。

正在改變的企業角色

當我們目睹企業的角色正在改變時，英國石油公司（British
Petroleum）前執行長約翰・布朗（John Browne）在他最近出
版的書《聯繫》（*Connect*）中表示：

在持續透明化的年代裡，世界對私營企業的要求越來越多……選擇尊重、真實且公開迎合這些要求的公司，會把社會需求視為其企業模式的一部分，它們終將獲得豐富的回報。

「世界經濟論壇」（World Economic Forum）的克勞德・薩馬加（Claude Smadja）曾經寫道：

私營公司必須抱持更寬廣強烈的企業社會責任感。我們必須傾聽新「公民社會」的責任之聲……非政府組織（NGO）的興起也反映大眾對所有機構的覺醒，無論它們是政府、企業、國際組織或媒體。

《新聞周刊》（*Newsweek*）的麥可・赫希（Michael Hirsh）曾評論：「爭論的點與其說是公部門的私有化，不如說是私營部門的『公有化』。」

下一波的演進浪潮

全球化發展趨勢，以及全球頻繁的即時通，已經模糊了「我們」和「他們」之間的空間和時間距離。因此，外在的力量以及我們的內在發展都在密謀打破障礙，勸勉我們接受並擁抱全球人類的共同命運，當然也要同時分擔責任。最後，馬斯洛用這句話說明相互依存的思維，也是最後一個階段：「我們同舟共濟（we are all in it together）。」

外在的現實反映內心世界

我們外在的現實正在轉變，對應到我們越來越覺察的內心現
實。全球對於道德基金（ethical fund）的投資正急遽成長；過
去許多工作場合存在的性別歧視和種族主義已普遍受到譴責；
也有許多報告指出，越來越多企業正在承擔其社會責任，並制
訂「三重底線」（利潤、人員、地球環境）方針。

　　這些改變的驅動因素來自於普羅大眾，他們希望更能掌握
公司和各行各業對待他們的方式。然而，氣候變遷也對全球人
類，特別是對企業發送有關價值、行為和全球責任的嚴酷訊
息。此外，密集的動物畜養、生物燃料、農作物的基因改造所
帶來的潛在後果，也迫使我們慎重重新評估「崇尚自然者」所
不樂見的農耕法。下一個灘頭將在何處？也許是環境範疇，但
我們不知道它來自何處，因為自然系統的控管正在分崩離析，
而我們早已超過了可預測一切反應的那一點。下一點將是無路
可退的一點。我們最大的疑慮是：政治與企業界的不當回應所
帶來的長期環境影響，比短期所預測的還要嚴重得多。

組織的意義和目的

世界瞬息萬變，難怪我們工作的組織裡常有人提出意義和目的
的問題，而這些問題全都來自於希望逃離毫無意義可言的企業
世界。教練常聽到學員就此惋歎，也談到換工作，但要留心改
變形式和架構的誘惑──事實上，我們要改變的是意識。

意義和目的：差異何在

我曾在第6章提到，透過提升我們的覺察，我們可以深入探索和連結我們的目的。我們常同時談論意義和目的，但它們並不相同，且應該有所區別。**意義**指的是進行一項活動或行動的重要性，或事後論述其影響力；而**目的**則是展開特定行動的意圖。意義主要是心理層面，目的則是精神概念。更精確來說，我們應具體說明意義、目的，或兩者兼顧。我們來看看以下兩個領域與意義和目的的關係：

● 尋找生命的意義和目的。
● 尋找日常事務的意義和目的。

發掘你的意義和目的

績效顧問公司有一句教練的名言是：「體諒他人的處境（meet people where they are）。」一旦你知道人員的狀況，你就可以和他們搭配合作，走一條他們想要去的路，而且走得越遠越好。這就是充分的合作，而且在意識演進的旅程中，尊重學員未完全開展的覺察力。不妨做做下列練習，探索個人的意義和目的。

練習：探索你的意義和目的

準備一些色鉛筆和一張白紙，找個安靜的地方。寫下你對下列問題的回答。如果腦海中出現畫面，把它畫下來。重點在於不要多想，也別去想什麼才是對的。腦海浮現什麼畫面，就用你喜歡的顏色把它畫出來。

- 你的夢想是什麼？
- 你真正渴望的是什麼？
- 你喜歡這世界有什麼改變？
- 為什麼這件事對你如此重要？
- 在內心深處，你真的希望你的生命是怎樣的？
- 幻想你現在已80歲，正在回顧自己的一生。有哪些重要歷程？寫下或畫下你想到的事/畫面。

從你對問題的回答，你將開始感覺到一些蛛絲馬跡，好讓你追尋你人生的意義和目的。腦海裡出現越來越多細節時，把它記下來。邁開你的旅程的第一步，讓它成為你生命的一部分，開展自己無限的潛力。

從受害者到創造者

邁開尋找意義和目的之最大一步在於：發現你目前的現實狀況就是你的機會。它表示你要從命運的受害者，搖身一變成為命

運的創造者。教練實務讓學員有能力為其目前的狀況負責、選擇如何面對它、並採取行動，以建立或改變現況，最終創造更有意義的人生。

　　試做以下練習。

練習：勇敢面對挑戰

想想你目前所面臨的挑戰，並回答下列問題：

- 請想像這個挑戰當中包含一個你成長所需的完美禮物。這個禮物是什麼？
- 你要感激什麼事情？
- 你要成為什麼樣的人，以便勇於面對這樣的挑戰？

針對你目前的生命現況，這樣的練習是十分具有挑戰性的。然而，這樣的問題能讓你跳出命運受害者的牢籠，而成為命運創造者，幫助你為生命的每一刻都創造出意義和目的。

　　卡爾・榮格（Carl Jung）說：「凡你抗拒的，將持續上演。」如果你不希望看到工作、人生和愛情上一而再地出現相同的挑戰，就努力面對它吧。

發掘工作的意義和目的

現在我們把這個主題連結到之前章節的個案上。從第10章開

始的教練對話，我們看到米雪兒和山姆正在合作進行「高峰會」專案。如果說米雪兒要和山姆深入探討意義和目的呢？那會是怎樣的狀況？

她可能會問下列問題：

- 山姆，我注意到約翰和凱瑟琳會觸發你作出一些反應。你對這樣的狀況注意到什麼了嗎？
- 如果你也知道這事，你會認為是什麼事觸發你作出一些反應的呢？
- 如果你可以選擇，你會對這事作出怎樣的回應？
- 怎樣才能讓你作出不同的回應？
- 對你來說，作出不同的反應有什麼重要性？
- 作出不同的反應會對你的生命有什麼影響？

事實上，我們可以把「高峰會」專案視為山姆發揮潛力的平台。他需要肯定這一點，並探索其中的意義和目的。當然，山姆需要把焦點放在這個方向，以及他希望成為什麼樣的人，這是他的個人發展抱負的一部分。因此，米雪兒在一開始就和山姆討論，共同探索他的願景：他希望透過領導力而達成的工作和人生成就。但請注意：無論你是身為教練，或採用教練風格的領導者，你應該已探索過你個人的意義和目的，並開始創造你自己的命運，才能去領導學員探索這個更深一層的領域。教練實務還有一個禁忌，就是不對學員提出一個你自己也不願意回答的問題，或是，你自己也尚未回答的問題。

　　本書並不準備教導進階教練技能，所以我先在此打住。但專業教練或完成進階教練訓練的領導者，可以帶領學員邁向此一歷程。

第四部

教練實務的具體應用

第 15 章
正式的1對1教練課程

參加調查的87%企業主有在公司內提供1對1教練。
——國際教練聯盟（ICF）和人力資本學院（Human Capital Institute）

本章要談的是，由內部或外部教練進行的正式1對1教練課程。安排在指定時間進行的正式教練課程，必須先制訂架構。無論你是要在組織內進行正式的內部或外部教練課程，以下的指導綱領有助於你創造最佳成果。

正式教練課程的時間安排

正式教練課程，通常稱為1對1教練（1:1 coaching）或高階主管教練（executive coaching），最好能持續六個月的時間，以坐收最佳成效。學員在此期間定期上課，可培養許多全新的實務習慣，以及和教練（也就是身為擁護和支持者的你）共事的方式。此外，由於教練實務是專注於發展和持續改變行為的合

231

作關係，因此需要時間培養默契。建議學員上六個月的教練課，以取得實際效益。這也是本章的重點所在。

　　也有一種較短的教練課程，稱為「鐳射教練實務」（laser coaching），包含三節課，一節60分鐘的虛擬教練課程（virtual coaching session），主要針對學員所面對的特定挑戰。通常組織會大量購買這樣的課程，來提供給員工使用。

教練課程的時數

任何教練課程的第一步是：教練必須先了解購買課程者的動機。最簡單的做法是：決定教練時數和偏好的上課方式。與虛擬教練課程相比，面對面的教練課程的費用也許不同，進而影響到組織的預算。請記住，理想的第一階段教練期為六個月，而且可以延長。

上課方式和時間長度

達成教練時數的協議後，第二步就是要和學員討論最適當的上課方式，以及課程的時間長度。主要有三種選項，但主要是視教練的場地而有所不同。例如，在印度，往返班加羅爾兩端可能需時三小時，因此大部分都採用虛擬教練課程。相反的，中東地區主要是面對面的教練課程，且可以最長三小時。績效顧問公司在每一期教練課程的最後，都會進行60分鐘的1對1評

估（第19章會討論如何進行評估）。

這三種選項是：

- **面對面教練**。例如：6節課，每節課120分鐘，在6個月期間內，每月進行一次。
- **電話或虛擬教練**。例如：12節課，每節課60分鐘，6個月期間內，每隔兩週進行一次。
- **混合式教練**。例如：一節60分鐘的面對面課程，加上12次每次45分鐘的電話教練課程，約每兩週進行一次；最後再進行一次60分鐘的面對面課程。

圖15-1說明一個典型的混合式教練課程。接下來的幾個段落將深入說明個別課程和其他考量因素。

圖15-1　典型的「混合式教練」課程安排

課程	化學作用會面	第1週 基礎課程	給利害關係人的360°意見回饋（可選擇）	第2~24週 定期教練課程	給利害關係人的360°意見回饋（可選擇）	評估課程
方式	面對面或虛擬	面對面		混合面對面和虛擬方式		虛擬
時間長度	約30分鐘	1小時		十二次每次45分鐘的虛擬課程，約2週進行一次 一次60分鐘的面對面課程		60分鐘，在最後一次上課後的1個月內進行
	歷時6個月的12小時混合式教練課程表					

化學作用會面

化學作用會面（chemistry meeting）指的是第一次和學員會面，且通常是不收費的。這是你和學員檢視彼此是否能良好搭配、一起合作的機會。通常在會面之後要思考一下，並讓對方知道彼此是適合，或不適合。如果覺得不適合，不用擔心，有時候雙方只是不投緣而已。

保密協定

一旦你和學員決定合作，重要的是建立夥伴關係，而且要維護機密。保密是任何教練關係的要素，而且必須在開展關係前就要設定好範圍。試想你的學員要深入討論個人的問題，如果不保密，學員（特別是組織內的學員）不會願意和你分享也許是對教練課程很重要的敏感資訊，這將很可能限制了教練的正面影響。圖15-2 說明，保密的意思就是，學員的主管或贊助人不會知道教練課程中曾討論的任何事項。圖中的橢圓形我們有時稱為「中國的長城」。

身為教練，你需要知道是誰邀請你來開課、他們和學員之間的關係，以及你的教練課應該對誰負責。例如，你也許曾經：

● 有位企業主管邀請你，來擔任某團隊成員的教練。
● 有個人透過人力資源部，邀請你去擔任他的教練。

圖15-2　保密是任何教練關係的要素

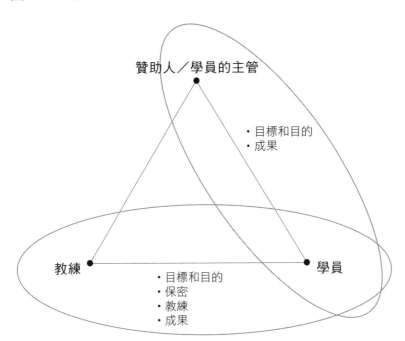

- 人力資源部來邀請你，擔任某高階主管的教練。

手握教練預算，而且每月支付帳單費用給你的贊助人，不見得就是學員的主管。圖15-2的贊助人指的是必須承擔預算責任的人。贊助人，或是學員的主管，會希望看到教練的目標和目的，以及其成果。重要的是，你要和學員共同決定這些人應該了解教練課到什麼程度，並由學員負責和他們溝通這一點。

在開展關係時溝通好目標和目的，以及結束時溝通成果，是你強化學員與其組織的關係的大好機會。它讓學員和組織的

目標得以校準。它也是教練課的重要部分，可能也是會需要上教練課的原因。因此，你與學員的主管、贊助人或組織內的其他人溝通，應該總是透過學員，來加強學員與組織的關係。

確保保密，以及賦權給學員時，你必須思考以下兩件事：

● 協助學員和其主管或贊助人對話，這可以幫助他們為目標和目的做主。

● 若學員並未充分承諾達成目標和目的，要找出阻礙他們的因素，協助他們尋找其內心的資源，促進他們確實與其主管對話。這些對話通常都能讓他們校準目標。

在某些情況下，也許可以進行三方的目標設定和評估的對話。然而你的焦點應放在強化和支援學員，同時保密，而不是強化你個人與組織的關係。

基礎課程

成功的基礎課程是建立雙方契合度的基礎。顧名思義，基礎課程就是要和學員建立基本的教練關係，重要的是：你必須花足夠多的時間在此作業上。你不但要傾聽學員的話語，更要制訂你的需求和期望，進一步打造成功的教練關係。

基礎課程涵蓋好幾個領域。儘管我已在檢核清單中逐一列出，但建議你先參加認證的教練訓練，再來進行正式的1對1教練課程。

基礎課程的檢核清單

上課方式和後勤作業　方式（虛擬、面對面，或混合式）；時間長度；頻率；地點（這對虛擬課程也很重要）。

達成協議　取得清楚的許可並分享彼此的假設；詢問學員需要你貢獻多少支援和挑戰；達成當責協議。

讓學員知道　何謂教練實務（不是教導、諮詢或顧問）；教練和學員要承擔教練關係中的共同責任；學員應全力投入課程。

目標　設定啟發和振奮人心的目標（短期和長期）；可參照相關的評鑑結果；針對雙方要如何一同邁向目標達成協議。

重點歷史背景　事前請學員準備生命至今的重要時刻（並非生平故事）；一同找出學員的行為模式和生命信念。

力量來源或價值　探索價值、優點，可啟發學員靈感的隱喻、思維和限制其成長的信念。

在課程之間

不要忘記，實際的工作是在課程之間發生，學員也在此過程中

有意識地採用不同的做事方法，把學習所得的概念，應用到實際的生活和工作上。這就是當責、檢查進度和後續追蹤作業會是如此重要的原因之一。

此外，記下理想成果、行動和承諾的時間，並在後續課程追蹤這些行動進度，也同樣至關重要（請參閱第13章和19章，了解更多維護紀錄的詳情）。

後續課程

後續教練課程的架構通常是這樣的：

- 檢查並追蹤上一節課的進度。
- 設定課程目標。
- 教練。
- 設定當責。

360°意見回饋

360°意見回饋是上教練課程之前和之後的極有用標竿。方法是，你向學員的上司、直屬主管或同事發送問卷，或和他們面談，以360°的角度，全面檢視教練實務對於學員的效果。你可以上網站www.coachingperformance.com，下載簡單的360°意見調查表。在開始建立教練關係時，意見調查是了解你可以

運用教練實務探索學員哪個領域的發展的一個基礎。到了教練
課程結束時,再用意見調查表了解學員發展的進度。若你已承
諾進行長期的教練,例如12個月,那麼你可以在上課6個月之
後尋求360°意見回饋。

評估

第19章將討論如何評量教練實務對個人和組織的影響,以及
如何計算投資報酬率。

第16章
團隊績效的教練實務

教練模式可以開啟團隊的認同和創意，
進而充分發揮成員的潛力

團隊若要建立教練文化，必須培養開放和好奇心的思維，以及
發展教練對話技能。而團隊的主管是處於權力和影響力的最有
利地位，最能夠來推動這樣的思維和技能。本章的重點是，團
隊主管如何當一個好教練。教練必須全心全意，並以好奇心來
關注團隊、相信團隊的資源，以及以開放的心態探索達成任務
的不同方法。此外，為了全面驅動整個團隊的潛力，教練必須
了解以下原則：

- 團隊本身就是一個組織體系，擁有我們可發掘探索的智慧。
- 透過揭露團隊所擁有的動能，而不是僭越或修正這股氣勢，
  教練實務可以動員團隊的智慧和潛力。
- 教練實務的目的在於創造集體覺察力，並建立共同責任感，

以及團隊內的互相連結。

為了教練整個團隊以發揮潛力,並了解它已到達績效曲線的哪個層級,掌握團隊的組成和發展是重點之一。因此,我將先探討團隊發展的理論。國際教練聯盟(ICF)和人力資本學院(Human Capital Institute)的研究結果指出,教練實務能增進團隊的功能和合作技能。本章的後半部將說明教練一個團隊和教練一個人之間的細微差別,以及如何成功發掘團隊的獨特認同感,以及集體智慧。首先,來談談個性、特點、動能和團隊演進的背景理論,以便進一步討論如何在團隊發展的不同階段,提升其績效。

團隊是組織裡不可或缺的工作小組──他們所執行的任務是互為連結的,對個人來說太耗時,或是對於獨立作業的每個人來說太複雜或太困難,以致於必須透過一群由個人組成的團體來同時執行。團隊的執行力不僅端賴個人的才華和技能,更仰賴他們共事的方法,以及他們分享目標、價值、目的和責任感的程度。高績效的團隊存在顯著的相互依存感。事實上,沒有相互依存,團隊只是一個團體而已。唯有協同合作,才能成功執行任務。在此情況下,團隊和其能力及潛力,比成員的能力及潛力的總和還要大。他們對於整個團隊有一份認同感,那是和每個人的個人認同截然不同的東西。

真正的團隊:(1)擁有清楚的界限;(2)擁有一些共通的目的,因此相互依存;以及(3)成員有起碼的穩定

度，讓他們有時間和機會學習如何通力合作。（Hackman
等人）

團隊發展的不同階段

教練的其中一個工作就是：去了解他正在教練的團隊，協助它
創造或強化其認同感，以實現潛力。某種程度上，了解團隊就
如同了解一個人一樣。知道一個團隊目前處於「生命」的哪個
階段是很有用的，因為不同的發展階段都存在一些可套用於所
有團隊的共通規則。同時，每個團隊都很獨特，擁有其個性、
才華和優勢。15或20人以上組成的團隊，可能還有次團隊
（subteam），但無論它是一整個團隊，或是次次次團隊，都還
是存在某些相同的特點。

　就如同人類無法馬上從兒童變為成人，團隊也不可能瞬間
變成熟。人類必須從嬰兒長大為孩童、少年……而團隊也需要
時間，才能蛻變為績效曲線中的相互依存階段。要記住這一
點，並把它視為一個自然且必要的過程，而教練可以從旁協
助。

　我用簡單易懂的四階段團隊發展模式來幫助你理解，這四
個階段分別是：納入（Inclusion）、主張（Assertion）、合作
（Cooperation）和共同創造（Co-creation）。前三個階段來自於
威廉・舒茲（William Schutz）的人際關係導向行為（Firo-B）
理論，其成效如今已廣為體育界和商界的團隊所肯定。還有很

多複雜且成熟的模式，但在我的經驗來看，它們比較不實用。舒茲是「會心團體」（encounter group）治療的先驅之一，他的研究基地是在加州大索爾（Big Sur）的伊莎蘭中心（Esalen Institute），那也是人本主義心理學的宗師馬斯洛（Abraham Maslow）、珀爾斯（Fritz Perls）和羅傑斯（Carl Rogers）的大本營。我1970年時也在伊莎蘭，參加了許多Firo-B的團體。

團體治療的參與者發現，除非其他的參與者讓他們覺得有安全感，否則他們很難暴露自己感情脆弱的一面。因此，團隊治療師必須盡快塑造安全的氛圍。了解了團體發展的原則後，教練也可幫助達成相同的效果。現在我們逐一看看不同的階段。

納入

第一個階段名為**納入**，因為在這個階段，人們會判斷/感覺自己是不是一個團體或一個團隊的成員。焦慮和內省是常見的現象，但是有些人可能將它偽裝成互補的相反行為。他們強烈需要被接納，也強烈害怕被拒絕。

面對全新的社交環境時，你的腦子會拼命想要保護自己的安全，因此你會花許多心力以獲得團隊的接納。在這個階段，團隊成員也許在精神上無法有很強的生產力，因為他們會專注於自己感情上的需求與疑慮。

如果有個指定的團體主管，成員們就會希望得到他的接納和指引。他們會想要順應、服從這個團體。因此，在這個階段，主管必須設定團隊的基調，並以身作則，因為他很快就會

成為團隊接受的標準。例如：若主管展現開明和誠實的行為，而且真情流露或洩露自己的弱點，其他人通常也會跟進，因而建立良好的相處方式。這是試探的時刻。好的主管會嘗試面對和解決成員的個別疑慮，如此團隊才能攜手前進。

　　所幸對許多人來說，這個階段不會持續太久，但是有些人或許得花上數週或數月時間，才能對團隊產生歸屬感。那些在童年培養出堅定安全感的人（會走上領導地位者通常是此類型的人），比較能容忍沒有那麼幸運的人，而且也會支持他們。

主張

一旦大多數成員都覺得自己是團體的一份子之後，另一股動力就會興起，也就是個人的**主張**。舒茲形容這個階段為「有控制的需要」。這是表達力量和擴展領域的時期。動物都是這樣做的：牠們會畫出自己的地盤，任何膽敢入侵的對手都得遭殃。這是階級制度運作的階段。職場上客氣的說法是：角色與職能的建立，但是真正的行為總是比這個激烈得多。團隊裡的競爭會十分激烈，這也許會帶來個人優越的績效表現，但有時候別人得付出代價。在這個階段，人們會嘗試發現自己的優勢，團隊可能會欠缺凝聚力，生產力卻很高。

　　這是既重要又寶貴的成長階段，但是主管可能覺得很頭痛，領導力將備受考驗。團隊成員必須先發現他們可以和主管有不同的意見，才會願意去同意主管的意見。他們需要在內心裡執行自己的意願，才能夠將它放大到外面為團隊所用。好的

團隊主管會指派職責，並鼓勵成員當責，因而滿足他們對主張的需求。重要的是，主管必須允許成員勇於挑戰，但不幸的是，許多主管會覺得受到威脅，因此伏地作出攻擊姿態，聲張自己的權威，以便掌控流程。主管需要在這兩極之間取得一個平衡點。

我曾說過，這個階段的團隊生產力可能頗高，但這也許會使人無法看清更大的潛力。事實上，大部分的商業或運動團隊無法超越這個階段，通常是因為整個西方工業社會集體到達的境界就在這裡而已。因此要超越它，就是要超越常規，只要用教練方法，我們就不難達成它。

合作

舒茲的第三個、也是理想中的團隊階段名為**感情**階段，但礙於許多商業人士對感情這字眼覺得很感冒，所以我稱它為**合作**。我的意思不是說，這樣的團隊一定水乳交融、輕鬆愉快。事實上，合作階段的一個危險是：太過強調團隊的成長，因而整個團隊太過安逸，而不允許任何異議存在。生產力最高的團隊當然是通力合作，但還是會保有某種程度的張力。教練應保有一些這樣的敏感度。

如果團隊處於合作階段，比方說有位成員某天績效不佳，那麼其他人會聚集過來、給他支援。如果是處於主張階段，其他人則會暗暗竊喜，因為競爭對手殞落了。如果是納入階段，則不太有人知道，也沒人在乎。另一方面，如果團隊處於合作

階段，有成員某天很風光，其他人會和他一起慶祝。如果團隊
是在主張階段，其他人可能會眼紅。如果團隊在納入階段，其
他人會覺得備受威脅。

共同創造

我們團隊合作的經驗告訴我們，合作之外還有第四個團隊發展
階段，名為**共同創造**。也就是共同創造出轉型、個人和企業的
演進。處於此階段的團隊覺察到團結力量大的道理，而團隊正
是組織的潛力得以實現的地方。

　　在每個階段，重要的是能夠覺察團隊的動能，或眼下的動
態，並找出需要什麼才能創造更佳的績效。教練為團隊成員打
造安全的氛圍，讓他們能夠表達恐懼、不適和需求，就能培養
出團隊的彈性、自我管理、優勢和共同責任。透過讓團隊知道
自己處於哪個階段，教練邀請團隊負起責任，以便發展流程和
自我調適。

馬斯洛的需求層級和績效曲線

就如同個人演進，團隊也需要經歷一些發展，才能到達合作和
共同創造的階段。教練可助你一臂之力。這不見得是一個線性
的過程，反而是一連串的進步、停滯、飛躍、回歸和發展的流
程。

　　在第1章，我們曾探討馬斯洛的需求層級。團隊成長的層

級和個人成長的前三大需求是平行的。一個由**自我實現**的個人
所組成的團隊，會快速到達令人暈眩的共同創造的高度，展現
相互依存階段的傲人成績。一群尋求**自尊**的人會有很好的個人
表現，但比較傾向於獨立階段中的「做自己的事」。尋求**他人
尊重**的人會彼此激烈競爭，而產生一些不錯的表現，當然有贏
家就有輸家。一群想要尋求**歸屬感**的人會很服從，而且也願意
幫忙，但是會讓你生氣，因為會對應到依賴階段的光說不練。

圖16-1　團隊發展的不同階段

團隊發展階段	文化	特徵	馬斯洛的需求層級
共同創造 （績效表現）	相互依存	心力朝向共享的價值觀和外面的世界	自我實現
合作 （準則制訂）	獨立	心力對外朝向共同的目標	自尊
主張 （腦力激盪）		心力專注於內部的競爭	他人的尊重
納入 （形成）	依賴	心力向內朝向團隊成員	歸屬感

圖16-1將馬斯洛的需求層級，以及括號內的布魯斯‧圖克曼
（Bruce Tuckman）的標籤組（也就是「形成」、「腦力激盪」、
「準則制訂」和「績效表現」），對應到團隊發展的階段和績效
曲線的三個階段。它也標示了每個團隊發展階段裡主要且顯著

的特徵。當然，這些階段的分界線很模糊，也會有些重疊，而且團隊中的成員如果有變動，整個團隊的地位和狀態也會產生變化。

高績效的團隊教練實務

我們可以說，如今要讓團隊作出最佳表現已經越來越困難，究其原因如下：

- 全球人才移動使得團隊更多元化，這需要人員培養更彈性的思維。
- 人們不再工作於一個固定的團隊，而是往往不斷地組成和再改組成不同的團隊。
- 團隊可能是以專案、職能、基準、日常營運、虛擬或自我組織為基礎。
- 有些團隊分散於不同的地理區域，使得接觸更少、更困難，或完全是虛擬作業。
- 能用來組成團隊，以達成業務挑戰的時間，比過去的任何時候都短。
- 業務挑戰本身更為複雜。

在此，教練實務扮演著一個非常重要的角色，協助人員鼎力合作，例如：它可幫助人員判斷自己是否需要加入團隊，以及何時加入團隊。

　　教練實務也扮演著協助團隊領導的基本角色。大家都說，領導者只需發揮兩項功能：一是完成工作，二是培育人才。然而，領導者往往忙於做好第一項功能，以致對第二項有心無力。同樣的，第一和第二項功能有時看似彼此衝突。把工作做好的渴望已經創造出「稽核文化」——我們開始相信可以透過量化和評量每件事，全面控制我們的產出（無論是個人、團隊或組織的產出）。然而，發展談的是潛力、未來、願景、創新、創造力和成長。有感於完成工作和人員發展兩者之間存在的張力，組織常常藉由區隔管理和領導來將兩者分開。套一句阿爾瑪‧哈里斯（Alma Harris）的話：

> 領導談的是共同學習，集體協同合作以建構意義和知識……它代表集體構思想出點子、反省共同的信念和新資訊的情況，並據此賦予工作一切意義、收集新見解後制訂行動方案。

管理談的是日常營運、完成工作、流程和現況。另一方面，領導則著重於發展、願景和未來。然而，在今日步伐快速的複雜世界中，管理和領導的界線是模糊的，特別是在日常經營的層次上。

　　教練方法可以緩和管理和領導的張力，讓彼此相輔相成。教練可以支援團隊，在管理文化及「安全度日」，以及領導文化和「冒點風險」之間遊走。它創造一個可以同時學習、創新、提升覺察、行動、當責的環境。

專案績效

教練方法非常適用於團隊，因為它能探索集體智慧。當一個團隊要開始一個新專案，或是在任務結束後要進行檢討時，都可以輕鬆運用教練方法。在專案週期的這些階段進行教練對話，可以創造出一個環境，讓團隊可以共同思考、學習，以及探索各人的資源。比起每位團隊成員只是在簡短的職務簡報後，自行執行所分擔的工作，教練方法能帶來更高層級的績效。

這些對話大概會是什麼樣子呢？試想，有個業務團隊必須負責一個新專案。教練可以事先準備的一些主要問題是：

- 針對這個特定專案，我如何提升團隊對於其資源豐富性的覺察？（焦點放在整體團隊，而不是每位個別成員。）
- 如何邀請他們為專案做主和負責？（在此，焦點也不僅在於個人的職務，而是整體團隊。）
- 這個團隊如何成為一張安全網，讓專案既強韌又有彈性呢？

透過這樣的放大鏡來開始進行對話後，教練就可以順著成長模式進行了。以下是一些問題範例。清單可以很長，而且可以隨著情境的不同而更動。

目標
- 我們的目標是什麼？
- 這個目標有什麼重要之處？

- 如果這個專案/任務成功了，結果會如何呢？
- 如果這個專案/任務成功了，對我們/我們的顧客/我們的利害關係人會有什麼不同呢？
- 如果我們用最好的方法合作，結果將會如何？

現實

- 做為一個團隊，我們有哪些優勢，可協助我們完成此任務？
- 我們可能會碰到哪些挑戰？（外部和內部）
- 從1到10分，我們已經準備到什麼程度，以因應這個任務？
- 我們需要什麼支援？

選擇

- 我們如何為此任務做更多的準備？（腦力激盪出所有可行的方法）
- 誰可以成為我們的盟友，以完成這個任務？（列出清單）
- 我們能做些什麼？（腦力激盪，制訂行動）

意願

- 我們能如何以團隊方式鼎力合作？（建立團隊行動）
- 我們將如何展開個別行動？（個別行動和當責）

為了方便使用，我們將這些問題以成長模式的順序列出來。但一般的教練流程極少是線性進行的。

促進教練對話

促進團隊的教練對話的流程可以有很多變化。教練可能會提出問題，並要求團隊成員兩人或三人一組，討論出他們對於**目標**和**現實**的答案，然後向整個團隊報告他們的結論。可以將不同職能的人放在一組，以激發出新想法。也可能是自行組隊，兩人或三人一組。將整個團隊的資源和想法綜合起來之後，腦力激盪出**選項**，並對於行動計畫達成協議，並由團隊的集體**意願**驅動前進。

可以輕鬆且自然展開教練對話的另一個情況是：檢討團隊以往的任務之績效。如果焦點放在團隊學習，那麼對話可以遵循成長模式的意見回饋架構，但焦點應再次放在整個團隊上：

- 我們能如何發揮團隊績效？
- 執行此專案時，我們展現了哪些團隊優勢？
- 我們團隊碰到了什麼難題？
- 我們學到了什麼？
- 我們下次能怎樣做些不一樣的事？

如同我們先前曾討論過的，注意這個流程如何同時創造自動自發的意見回饋，以及前饋（feed-forward，事前防範問題的發生）循環。它是一個很徹底的流程，能帶出細節、確保清楚和理解，更能動用所有團隊成員的資源。流程也推動做主和承諾，並建立自我信念和自動自發。

以身作則的教練實務

想要真正地推動變革，唯一的方法是建立模式（modeling），而建立模式則先要透過心態，因為心態會決定我們行動的成效，也會影響到與他人的互動。

團隊領導者必須心知肚明，為了長期的人際關係品質和績效，願意花多少時間和心力去培養團隊。他們需要建立一種團隊文化，認為有必要花時間和金錢來建立彼此的關係。如果領導者只是嘴巴說說建立團隊的原則，則一切都徒勞無功。投注心力於團隊建立的流程，終將得到豐厚的回報。

如果團隊領導者希望成員都能開誠布公，那麼他們一開始就需要開誠布公。如果他們希望團隊成員彼此互信，他們就必須展現信任和可信的一面。

然而，團隊領導者並非建立此文化的唯一一人。他需要成員投入對話，和他們共同創造文化。領導者必須履行微妙但是威力無窮的啟動和引導的角色，去領導、不強加壓力、接受，並同時清楚看到團隊的能力和可能性。

教練和團隊發展

有了這四個團隊發展階段，要將教練模式應用於團隊變得更容易。若領導者知道當團隊到達共同創造階段時能夠展現最佳績效，他們就會將教練模式分別運用在整個團隊，以及個別成

員，來促成向上提升。例如，如果協議的目標是將團隊提升至合作階段，而現實狀況是介於納入和主張階段，那麼，團隊能有哪些選項呢？它的成員應該做些什麼？教練流程本身就是在建立轉型的模式，運用集體智慧，讓團隊往下一個層級發展。

處理不確定的狀況

團隊必須靈活、有創意和創新，才能表現佳績。大部分人都曾經歷過真實或預期的變革，它會帶來壓力，人們也會承受速度和變革範圍的挑戰。我們的腦子不喜歡不確定性，而且如果必須在無力預期或控制的環境中運作時，我們會傾向於啟動生存模式。工作場所的壓力所帶來的直接後果是：我們不再合作無間，創造力和效率同時衰退。因此，教練的一個關鍵任務是：提醒團隊成員哪些是能掌控的狀況，以及他們的優勢在哪裡，以協助團隊成功。

培養團隊的教練文化的實用方法

就如同每個家庭或夥伴關係，每個團隊都不同。儘管市面上流傳著許多一般原則和實務做法，有助於增進所有關係的正能量和生產力，但我不太同意托爾斯泰（Tolstoy）所說的：「幸福家庭都相似，不幸家庭的面貌各自不同。」每個團隊都有其生態系統，且可透過好奇心、承諾和創造力，探索其個別的道路。對特定團隊行得通的方法，也許無法應用在其他團隊身

上，而團隊的動能需要持續的注意、探索，以及照顧，才能發揮最佳績效。

　　以下清單是參加我們團隊發展研討會的人員整理出來的建議。團隊可以使用教練法則，考慮下列每個選項：由團隊領導者負責引導討論，但是該怎麼做，做的結果會如何，應該由團隊成員來決定。

針對所有的團隊成員和一切有貢獻的人，找出一套基本原則或運作原則

這套基本原則應該要定期檢討，看看大家是否遵守，以及是否需要改變或更新。如果協議被忽略或被打破了，那麼各方都應該對程序達成協議——這並非一種懲罰措施，而是要求成員或團隊要負起責任，修補彼此之間的關係。透過有意識的事前制訂合作協議，並經常視必要而重新制訂，團隊將建立起緊密的關係，共同協作並發揮高績效。（可納入後續許多建議為基本原則。）

要教育領導者和團隊一些重要的溝通技巧和動態學，以協助團隊發展

儘管每個團隊都有其獨特之處，我們還是可以應用一些指導原則和實務做法，協助改善溝通、以及團隊的健全和成效。讓這些實務做法公開透明，並教育人員如何使用它們，有助於促進成員彼此互動，創造想要的成果。團隊成員也需要了解，儘管每個人都能對團隊發揮影響力，團隊的動態學也會影響其健全

與否。此外，即使每位團隊成員都能影響組織的文化，團隊有能力透過其不斷發展，轉變整體的組織面貌。

討論和協議出一套團隊的共同目標

這應該要在團隊之內進行，不論組織是否已經定義出團隊的目標。目標總是有修改的空間，可以重新決定該怎麼做。應該鼓勵每位成員表示意見，並且加上可以包含在整體團隊目標之內的個人目標。

針對成員心目中的個人或集體的意義和目的，進行小組討論

這比探索目標更為深廣。意義和目的是驅動人的力量，少了它們，就會造成懶散與憂鬱，也會不健康。強調這些我們很少意識到但是恆常存在的東西，並且去覺察它，就會增加我們在職場和家中的生活品質和意義。

定期撥出時間讓團隊互動，通常是配合任務時程中的會議

在這段時間裡，團隊檢討協議、表達感謝和苦惱，也可以包括個人心得的分享，以便建立開放與信任的氣氛。體驗了幾次由教練引導的會議之後，高績效團隊將有能力自行做這樣的工作。

發生個人問題或疑慮時，必須備妥支援系統，以保密的方式（若有必要）進行處理

如果因為地域或其他問題而無法經常舉行小組會議，就必須建立一個夥伴制度，每位團隊成員充當另一人的好友，必要時彼

此對談。如此一來，可以快速解決小問題，而無須浪費會議的
寶貴時間。

徵詢團隊成員的看法，討論是否應該安排固定的聯誼時間

如果能進行工作之外的活動，團隊可能會因為共同的經驗而強
化彼此的關係。團隊規劃好定期活動後，若個人因為之前作出
的承諾，或需要和家人團聚，以致於無法參加活動，我們都應
尊重他們的決定。另一方面，該位團隊成員也應做好心理準
備，他/她可能因為作出這樣的決定，而覺得有點被隔離的感
覺。

培養工作以外的共同興趣

有些團隊發現，大家共有一個像是運動或共同興趣之類的團體
活動，會使得團隊更有向心力。我記得有一個團隊「認養」了
一個開發中國家的小女孩，每人每月貢獻小筆金錢，供她上
學。團隊覺得她對他們的生命所作出的貢獻，比他們對她的付
出還要多。

一起學習新技能

有些團隊決定一起學習新技能，例如一種語言，或是一起上一
門和工作相關的課程，甚至是教練訓練！這可能是和其他區域
團隊的一種良性競爭，比方說，相同的組織內的不同小組。

無論是採用一個或多個以上的選項，我們都必須民主地作出決

策，但也應按第13章所建議的方法，把選項具體記錄在案。
記得：增進團隊績效的教練實務基礎不著重施加壓力，而是增
進個人和集體的覺察力和責任感。

如同績效曲線所示，我們需要教練式領導者的意願和焦
點，以及大量的EQ，營造團隊的環境，培養他們的思維和文
化，進而發揮並維持高績效。團隊教練為成員提供學習、調整
和即時發展的空間。

第17章
精實績效的教練實務

精實方法和教練實務攜手，能創造一種良性循環，
大幅改善績效

如今許多產業都採用精實製造系統（Lean manufacturing system），透過減少浪費、讓生產平準化，以及讓工作暢流，來改善流程績效。這是由豐田汽車於二十世紀後半所發展出來，現已普遍用於商業環境中。

運用精實原則的組織和團隊，若能夠引進教練式領導方式，就可以為真正的學習型環境和最高績效，奠定最理想的基礎。因為精實的本質正是要透過學習而持續改善，這需要人員持續地走出他們例行工作的「舒適圈」，而走進能帶領他們更接近潛力的「學習圈」。教練實務能挑戰人員延伸至此領域，並且支援他們學習和發展，以創造新的行為和標準，而不是只是在返回舒適圈之前，「經歷」一些經驗而已。美敦力（Metronic）的資深學習和發展經理卡洛琳・海莉（Caroline

Healy）認為引進教練方法，能讓「感同身受、心、目的成為精實作業的核心，讓工作者能快速增進績效。當他們擁有了教練技能，可以輔助其目前的工作，不論是精實作業工作者或其團隊都能感覺更被授權、更投入，以及花較少心力，做更多的事。」

有些組織在全面引進精實系統時碰到很大的困難，這可能是因為他們沒有在此過程中運用教練法則，讓人員參與其中。本章將點出最成功的精實系統的要素，並將其與教練實務連結，進一步說明教練實務和精實作業的相容性。

從依賴到相互依存

用生產製造的術語來說，運作良好的精實系統，會展現高效能、相互依存和學習型的文化。精實系統能夠體現流程中每個步驟的價值，以及其對下一個步驟的影響，以及下一步驟的目前需要。如果我們把這樣的做法演繹為一個團隊的作業，想像每一個人都能了解其行動對於團隊其他人的影響，並且能彼此溝通需求，進而攜手致勝。

你可能會問，為什麼許多選擇實行精實作業的組織在省下第一筆成本，或成功改善效率之後，卻難以維繫這種效益？其中一個可能性是，他們已經花了大量人力物力來實行精實作業的技術流程，因此忽略了人的層面。這就和單純使用成長模式並非教練實務（因為任何獨裁者都可以用它）是同樣的道理：

單純地遵循精實介入的一連串步驟，不會帶來持續的流程改善。如果沒有人的投入和參與其中，就極可能變成領導者使用指導的方式，助長了依賴文化，進而破壞了精實流程。

　　豐田生產系統（TPS）可說是備受今日產業界肯定的最成功的精實文化。他們秉持尊重人員和團隊合作的原則，並強調領導者和其團隊之間必須建立良好關係，並視其為不可或缺的一部分。這就是可以應用教練技能和原則的地方，以強化精實流程的影響力，並帶來真正的相互依存，當然也提升績效。

先設定目標

決定發展精實文化時，一開始必須先確定團隊想要努力克服的挑戰。組織需要面對的挑戰可能包括：消除所有浪費、降低成本，以及改善顧客滿意度。請將此與第10章討論的最終目標和夢想目標相比，它們在教練流程中能提供一致努力的方向。

　　用這個方法來確認整體的挑戰，有助於連結較短期的目標和活動（績效目標和流程目標），讓團隊努力於高效達成它們。在精實作業中，時常進行改善對話（improvement conversation）的習慣，能培養團隊的短期焦點，並時時覺察到整體的挑戰，維持這兩者的相關性。清楚設定方向意味著人員在行動上更有方向性、意圖明確，更可能朝你希望達成的目標前進。

持續改善

改善，日文稱之為「Kaizen」，指的是「永遠還不夠好」，這是精實文化的知名用語。「流程永遠不夠完美」的信念開拓了持續創新和演進的可能性，並透過逐步改善和偶爾產生突破的方式，來克服挑戰。

我們所擁有的潛力，比我們外在展現的還要多。這個事實讓我們能秉持教練思維，積極發掘潛力。教練方法可以協助學員取得此資源，以持續改善績效。

高品質的覺察至關重要

了解現實狀況對於精實和教練實務都同樣重要。在精實系統中，這指的是：站在執行工作之處，並盡量公開透明工作流程，讓問題無所遁形。至於教練實務，它指的是：以學員（被教練者）的觀點，而不是用假設或習慣來作決定。

精實作業可以很好地應用科學思維和學習文化於現況。它能透過更聚焦的注意力和評量，確認**真正**發生了什麼事，而不是止於個人期望或假設發生了什麼事。對精實作業和教練來說，利用強效的提問來探索更多的細節，並挑戰假設，就是學習的起點。在實務作業上，兩者談的都是提升更高層次的覺察，而由於覺察能帶來責任感和自我信念，那也是改善績效的開始。

PDCA循環

像精實系統這樣的持續改善的系統，會成為績效管理的好方法，這完全不令人意外。重要的是：定期且經常檢核你的方式仍然有效，而且每當發現有改善的機會時，就在做法上進行調整。

在精實系統中，逐漸改善的實務做法來自於計畫—執行—檢查—行動（PDCA）循環：

● **計畫**：這個流程的目標是什麼？這次改善之後會發生什麼改變？

● **執行**：實行改善案。

● **檢查**：評估結果，與計畫作比較。

● **行動**：新流程是否加入這個做法？

遵循PDCA循環的好處是：持續聚焦於績效改善。此循環是基於「改善」的法則，因此永遠都有機會在已達成的目標上更上層樓。

抱持教練思維，並運用教練流程，自然而然會支援這個循環的每個階段，而且又生出更多時間可進行教練。圖17-1說明此良性循環。

圖17-1 教練實務和PDCA循環

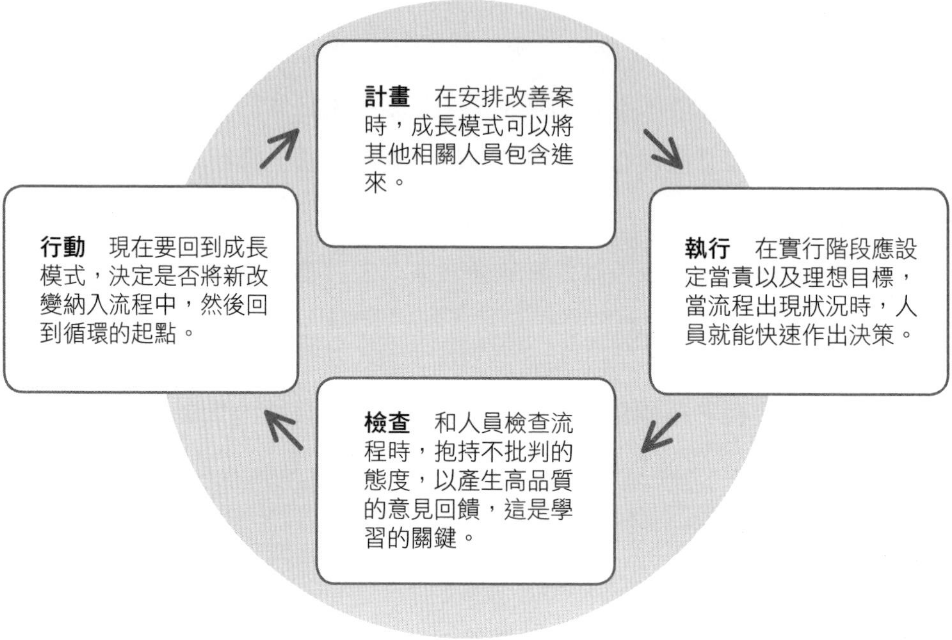

計畫 在安排改善案時，成長模式可以將其他相關人員包含進來。

行動 現在要回到成長模式，決定是否將新改變納入流程中，然後回到循環的起點。

執行 在實行階段應設定當責以及理想目標，當流程出現狀況時，人員就能快速作出決策。

檢查 和人員檢查流程時，抱持不批判的態度，以產生高品質的意見回饋，這是學習的關鍵。

學習圈與人性因素

教練風格是否能讓精實方法的效益發揮到最高，要看它能平衡支援和挑戰到什麼程度。當精實作業運作得好，流程會要求人員去實驗，去嘗試不同的方法。但作業時而成功、時而失敗，無論如何，從實驗中學習才是重點。

無論是個人、團隊或組織希望改變，我們都需要特定的學習要素。這需要每個人員都走出舒適圈，走入學習圈。你也許

會想起過去曾經待在依賴文化的團隊或組織中的經驗，有一大堆應做或不應做的規則。如果我們必須更獨立作業，第一步該怎麼做呢？若是要一些領導者放棄自己的「專家」角色，允許他人作出決策，他們會作何反應呢？

回想第5章佛萊德的例子，你會發現學習圈有時讓人覺得不自在和恐懼。學習圈的定義是：有一部分的不確定性。你永遠無法百分之百確定將碰到怎樣的狀況，而且也對失敗感到焦慮。

如果學員覺得他們無法踏入學習圈，或是害怕犯錯帶來的後果，那麼教練流程的影響力將很有限。因此，教練的責任在於：平衡人員面對未知時所需要的支援和挑戰程度，協助每個人、團隊和組織採取必要的步驟，游走於舒適圈和學習圈之間，進而控制好其個別的恐懼感和焦慮感。

教練方法

現在我們來看看某位主管如何運用教練方法，處理流程中發生的問題。吉姆是一個機器操作員的小組的主任，他要和他的經理愛麗絲討論一個問題。

愛麗絲：嗨，吉姆，今天一切都好嗎？

吉姆：我們的存貨有些問題。倉庫告訴我，他們已經沒有空間放我們的貨了。

PDCA 的計畫階段

辨識目標　　**愛麗絲：**我們現在有10分鐘時間來談談。你希望我們談完之
　　　　　　　　　後會有怎樣的成果呢？

　　　　　　吉姆：我希望能得出個想法，好讓我解決這個問題。

　　　　　　愛麗絲：好的，我想現在解決問題是你的優先任務了。詳談這
　　　　　　　　　個狀況的細節之前，我想問你，解決這個問題會有什麼好
　　　　　　　　　處呢？

　　　　　　吉姆：就是讓我們能維持高效率。我從來都無法確定這一週和
　　　　　　　　　下一週的工作量會怎樣改變，所以安排員工輪班和加班，
　　　　　　　　　常常都是我的惡夢。

更大的「挑戰」　**愛麗絲：**你希望長期的狀況是如何呢？

　　　　　　吉姆：我想我希望工作量能夠穩定。

　　　　　　愛麗絲：穩定？

　　　　　　吉姆：沒錯。就是更能預期工作量。我們經常要加快腳步，要
　　　　　　　　　不就是放慢腳步。團隊也覺得很無奈，因為他們永遠不知
　　　　　　　　　道我什麼時候會要求他們加班、什麼時候又拒絕他們加
　　　　　　　　　班，因為我自己都不知道。這樣子也會影響品質。趕工時
　　　　　　　　　候的退貨率也會提高。

下一個目標狀　**愛麗絲：**你還注意到什麼了嗎？
況
　　　　　　吉姆：我覺得這個問題也影響到公司。我確定現在作業的效率
　　　　　　　　　很差，每天都有人來提醒我們，要發揮最高效率、達成目
　　　　　　　　　標。

　　　　　　愛麗絲：沒錯，這絕對是長期的願景。那麼你打算針對這個最
　　　　　　　　　迫切的問題，設定怎樣的目標，以便增進效率？

吉姆：配合產品需求，讓生產率穩定，會是個不錯的開始。

愛麗絲：那麼現在的狀況是怎樣呢？　　　　　　　　　　　　説明現實狀況

吉姆：我們有一大堆的存貨。

愛麗絲：數量呢？

吉姆：昨晚是20批，這數字太高了，目標是最多2批。

愛麗絲：好的，那麼你做了什麼事？

吉姆：因為主要是要調整生產率，所以我跟兩位派遣員工說我
　　　們接下來一週的幾天都不需要他們了。我打算今晚請幾個
　　　小組成員早點下班。

愛麗絲：這麼做，你預期會有怎樣的效果？

吉姆：以目前的生產率來看，我們本週就能清掉存貨了。

愛麗絲：這種狀況多常發生？

吉姆：目前是每個月都會這樣，有時要請人加班趕工，有時則
　　　無工可做。

愛麗絲：長期來看，你需要些什麼來避免這種情況發生？　　　接下來的可行

吉姆：我希望了解未來的需求量，也就是會有什麼訂單進來。　步驟

愛麗絲：你可以在哪裡找到這些資訊？

吉姆：我想應該是業務部。他們和顧客談生意，應該知道數量
　　　和期限之類的細節。

愛麗絲：有什麼因素會讓你拿不到這些資料呢？

吉姆：我覺得沒有。

愛麗絲：那麼接下來你打算怎麼做呢？　　　　　　　　　　　協議行動

吉姆：我會和業務部經理馬克談談。

愛麗絲：你打算跟他說什麼？

吉姆：我希望得到更多的業務通知。

挑戰他行動要
規劃得越具體
越好

愛麗絲：具體來說，你想要多少通知呢？

吉姆：越多越好。

愛麗絲：我明白了，但要評量這個還挺難的。如果說我們設定
　　　一個時間限制，然後再評估這期間的作業效果呢？

吉姆：如果說新訂單可以讓我兩個禮拜前知道，那就絕對有幫
　　　助。

愛麗絲：好的，兩個禮拜。那麼你剛剛提到的修正訂單，要多
　　　久呢？

吉姆：啊，對。固定的重複訂單是沒問題的，因為我知道每個
　　　禮拜需要多少。但是如果計畫有變，然後我最後一分鐘才
　　　知道，那才是麻煩。

愛麗絲：所以說，你在這些情況下，需要些什麼？

吉姆：如果變化不大，也許只需要一個禮拜前通知，但是量大
　　　的就還是要兩個禮拜前通知。

愛麗絲：你說的大量和小量是什麼意思？

吉姆：變化量在正常訂單的10%以下，算小量。超過就是大
　　　量了。

愛麗絲：這樣就比較清楚了。所以你接下來會怎樣向馬克提出
　　　要求呢？

吉姆：新訂單和正常量更改超過10%兩個禮拜前通知。正常
　　　量更改低於10%一個禮拜前通知。

愛麗絲：你怎麼知道這樣做是可行的呢？

吉姆：理想的情況是不用加班，還是能達成要求。

愛麗絲：那麼庫存量呢？

吉姆：我們最多維持2批。

愛麗絲：好的，聽起來和馬克談是你的第一步。你打算什麼時候跟他說呢？

吉姆：我應該這個禮拜可以抽空做這件事。

愛麗絲：這個禮拜？是禮拜幾呢？

吉姆：今天下午我會跟馬克碰面，討論一個顧客詢問的問題。我今天順便問他好了。

愛麗絲：那麼我們什麼時候來追蹤這件事的進度比較好呢？

吉姆：我跟馬克開完會就立刻告訴妳。我猜會要幾個禮拜的時間，才會知道這樣做會對工作流程產生什麼影響。

愛麗絲：好，我們下班前再碰面，然後再來訂下次見面的時間。

後續追蹤

協助吉姆清楚知道自己的責任所在，好處是：清楚校準預期和目標。愛麗絲跟他檢查進度時並未處於批判的立場，而是讓他從初步行動，以及PDCA改善循環的「檢查」步驟中去學習經驗。檢查和後續追蹤能支持人員走入學習圈，是培養學習文化的好方法。

　　我們來看看最早的檢查階段。

PDCA 的執行 階段	**愛麗絲**：吉姆，結果你和馬克談得怎樣了？你現在能騰幾分鐘 出來嗎？
	吉姆：好的，沒問題。一切都很順利，謝謝妳。
發生了什麼事？	**愛麗絲**：你們談的情況如何？
	吉姆：我告訴他我們想要保持最低存貨量所碰到的困難，他同 意應該要解決這個問題。
	愛麗絲：你們準備接下來怎麼做呢？
	吉姆：我告訴他，如果我能夠收到更多訂單通知會有幫助，然 後問他能不能幫忙。他說沒有問題，給我連續四個禮拜的 訂單通知。
	愛麗絲：四個禮拜？比你需要的還要久，對嗎？
	吉姆：沒錯，因為他們就是這樣訂通知的，所以他們也不需要 再重複作業。我就用最近兩個禮拜的訂單來做計畫就行 了。
	愛麗絲：會從什麼時候開始這樣做呢？
	吉姆：從這個禮拜結束時開始，這樣子很好。
學習經驗為何？	**愛麗絲**：看起來你很滿意啊。我很高興能行得通，也很高興看 到你的進展。如果現在能評量對狀況的影響，就會更好。 你到現在學到了些什麼呢？
	吉姆：當我們把狀況說明清楚，人們就樂於幫忙。
	愛麗絲：很好。還有學到了什麼呢？
	吉姆：也許還有別的地方，可以透過和其他部門更緊密合作， 就能增進效率。

愛麗絲：比方說？

吉姆：我還沒有機會和倉庫人員詳談，但我確定他們能提出更
　　　多想法。

愛麗絲：所以下一步你打算怎麼做呢？　　　　　　　　　　　　下一步是？

吉姆：有可能三方開會嗎？就是我們、業務部和倉庫？

愛麗絲：我確定這一定有可能。如果我們更詳細談談，也許是
　　　我們下次的一對一開會，會不會對你有幫助？

吉姆：這是個好主意。

愛麗絲：開會前可不可以先讓你想一個問題？

吉姆：好啊，請說。

愛麗絲：吉姆，謝謝你。我想聽聽你怎麼看這個問題：有沒有　　種 下 一 顆 種
　　　可能讓每個部門都知道該怎麼做一些事，然後能讓每個部　子，讓彼此更
　　　門都能工作得更順利呢？　　　　　　　　　　　　　　能 以 相 互 依 存
　　　　　　　　　　　　　　　　　　　　　　　　　　　　的 模 式 工 作
吉姆：好啊，這是個好問題，但得要好好想想！我們下次開會
　　　的時候跟妳談。

PDCA 的檢查和行動階段

在接下來的四到八週，愛麗絲將和吉姆緊密合作，看看存貨水
準控制得如何，以評估改變作業後的影響。也有可能透過定期
的後續追蹤和意見回饋對話（例如第二段對話中提到的三方會
議），找出進一步的改變。每次改變都能透過後續追蹤對話，
創造「迷你」的 PDCA 循環。後續追蹤對話的目的在於鼓勵實
驗，以及提升對於狀況的覺察。

　　因此，八週後，他們可以進行更周詳的評估，並達成協議，制訂永久的流程改變，以及系統要做的改變。可以依成長模式的順序，做為對話的架構，同時強調下一個改善的焦點，再度啟動整個循環。這就是我們要向精實作業的工作者提出的範例，說明如果他們的介入行動採取更傾向於教練的法則，將帶來顯著的流程改善機會。

第**18**章
安全維護績效的教練實務

教練實務創造相互依存的文化，以及高度安全的績效

我在第2章提過，在環境安全方面實行教練實務，能顯著增進安全維護的績效。林德集團的績效就因此提升了73%，理由很簡單：研究顯示，相互依存的文化能帶來最高的安全績效。透過教練實務，領導者和主管可以創造這樣的文化和向心力，直接強化所有團隊成員的安全績效。教練實務除了可創造安全環境外，更可用於工作場所的檢查、安全維護對話、事件調查、工具箱對話，以及風險評估。

教練實務創造相互依存

讓我們先思考兩種不同的學習方法：一個是會養成依賴文化的指導方式；另一個是，能培養相互依存文化的教練方式。

可以說，兩種方式都能增進績效，但方法很不同，而後者

的績效比前者明顯要好。為什麼呢？因為指導的方式效果很侷限，因為那是學習他人做事的方法，而不是開拓個人作風。因此，它讓你依賴他人。例如：你可能需要在短時間內運用大量資訊。因此，下次你想要重複做相同的任務時，你可能需要再找訓練員，提醒你一部分的資訊。

然而，教練談的是探索的流程。它協助你尋找達成特定工作的最好方法。它讓你發掘潛力和可能性，而不是固定於特定想法上，讓你覺得只有一種達成任務的方法。在過程中，教練培養自我信念：尋找個人的道路、肯定自己的進步，再反過來讓自我信念再提升。這是一個更令人滿意的學習方式，即使是要做好重複性的工作，也能更輕鬆地做好。

有一個耳熟能詳的故事是發生在 1960 年代初期，當時美國正準備送太空人上太空。總統約翰·甘迺迪巡視美國國家航空暨太空總署（NASA），在走道上剛好有個工友在打掃。總統停下腳步問道：「你在做什麼？」工友回答：「總統，我正在協助把人送上月球。」這是個好例子，說明人員了解，無論他們的貢獻是大是小，缺乏這份貢獻，我們就難以達成整體的目標。看清一個人對他人產生的影響力，是團隊的真正關鍵要素，進而以相互依存的方式工作。

在需要安全維護的環境中，請試想一個極度依賴領導者的團隊。也許他會開出一長串的「可做」和「不可做」清單，制訂安全規則，也會花很多時間強制執行這些規則，確定人員已嚴格遵循它們、避免犯錯。團隊成員也許不會真正了解領導者

為什麼會制訂這些規則，但如果領導者在背後盯著，他們也會循規蹈矩。可是，一旦領導者沒在看管，他們就很可能走捷徑了。當然風險就是：更有可能發生意外。萬一真的發生意外，依賴文化中的反應更傾向於咎責、批判和懲罰，鮮少會產生學習。因此重複發生這些意外的機會就會顯著提升了。

相互依存的團隊，和處於「績效曲線」其他階段並獨立作業的團隊，存在幾項明顯差異：

- 相互依存的團隊肯定協同合作的價值和潛力，其成員更有可能設定進取的目標、看到更多可能性。
- 正在進行的活動，會有一個更明確的目標。
- 更有趣，因為和人們一起工作，通常會比獨立或與世隔絕的方式工作更充滿樂趣。
- 出現更多意見回饋，而不僅是單一方向，而是來自四面八方、直屬團隊的內部和外部，進而創造學習。
- 高水準的互信和公開透明。
- 如果發現能增進績效的方法，則團隊成員更樂於展開富挑戰性的對話。
- 相互當責，因此人員更有可能看到同仁用正確的方法做事、提出意見回饋，或者是用錯的方法做事，也取得相關的意見回饋。
- 更覺察到團隊目前的績效，了解其他成員的狀況。因此，他們更能辨識到挑戰的出現，或者是需要某些支援。
- 持續強調檢討和學習，持續增進績效。

創造相互依存的實務做法

現在讓我們來看看，教練實務如何在強調安全維護的環境中，創造相互依存的文化。

　　若工作場所內有人把自己或同事置於危險的環境中，當然你可立即要求他們停止行為，告訴他們安全的作業方法。但是，這通常只能帶來瞬間的效果。如果工人不了解「為什麼」他們這樣做是危險的，或不能想到其他更安全的做法，下次他們面對相同狀況時，就有可能重複犯錯，而且你也可能不在場，以致無法阻止他們。

　　透過以下堆高機司機的例子，我們來看看兩種截然不同的危機處理方法，你就能更明白此處的重點。

不要這樣做

經理：我真不敢相信我看到了什麼。你正在這裡超速……我是
　　　說你超速！而且你把叉架放得太高了。

司機：沒錯，但我只是想要……

經理：這樣子東西會翻倒的。

司機：你看，這裡沒人呀。

經理：你不知道我看到你跳出車子嗎？這樣做很不安全，非常
　　　不安全。你跳出車廂啊。你的三個接觸點在哪裡？

司機：我只是希望完成工作而已。

經理：事實上，我甚至沒看到你綁安全帶。你有綁安全帶嗎？

司機：但這裡沒人。

經理：你的視線在哪裡？不能往前開呀，而是要倒車……

司機：我要走了，我還有工作……

經理：你現在哪裡都不能去，這事還沒完呢。我們要談談。我想你不了解，也許我沒跟你提過這一點？你都這樣開車的嗎？

司機：但這裡沒人。這不是個問題，對吧？

經理：我不想聽你的藉口。今天下午我們要坐下來談談，這個問題很嚴重。如果我不在場，也許你都這樣做。

司機：拜託，我只是希望做好工作而已。

經理：你當然想做好工作，但你的做法不安全啊。你不能這樣做。今天下午談。就這樣。

你可以清楚看到經理的行為創造了依賴文化。現在我們看看教練方式。

要怎麼做

經理：我要你停車，是因為我看到你開出倉庫的方式，覺得有點擔心。你注意到自己是怎麼開車的嗎？

> 立刻停止不安全行為

司機：我的叉架放太高了。

經理：沒錯，是有點高。還有呢？

> 提出開放式問題，檢視學員的覺察程度

司機：我向前開。

經理：對，還有……

司機：車速也許太快了點。

引導進一步的覺察，並讓學員有時間思考和反應

經理：嗯！所以你向前開、車速有點快、叉架有點高……

司機：我只是急著要完成工作而已。

經理：只是有點急，我看得出來。

司機：我只是要從倉庫開去載貨區。

詢問封閉式問題，建立特定行為

經理：跳出車廂時，你有解下安全帶嗎？

司機：沒有，我沒有綁安全帶。

讓學員有時間思考，其間強調潛在的介入行為，以導引安全績效

經理：記得三個接觸點嗎……1、2、3。

司機：這全都是因為我在趕工。

肯定司機的優點，檢查他是否了解風險

經理：趕工……你是個經驗豐富的司機，來這裡也一陣子了。你告訴我，如果你這樣的車速、載著那麼重的貨向前走、叉架那麼高，可能會發生什麼事？

司機：叉架可能會翻倒，貨就掉滿地。

提出開放式問題，尋求未來改變做法的可能性，避免重複犯錯

經理：貨會掉滿地。這可能會是材料費，還有人力費呢？我們要怎樣確定這事不會再次發生？

司機：我一定會確定以後都用我學到的方式開車、如果視線被擋，就倒車出倉庫，也要減速。我應該要減速。

經理：我聽到你說你「應該」這麼做。我們可以確定你會這麼做嗎？

司機：從現在起，我將確定把叉架放在正確的行車高度、車速也要正確。我確定我會這樣做。

經理：你確定你會這樣做。所以說，每次你開車出倉庫，我要怎樣知道你會安全駕駛呢？

司機：我所有的事都會做對。用我學到的方法開車。

經理：好的。你倒車出倉庫、把叉架調下來、車速正確。

司機：沒錯。

第二個範例中也用到了之前章節曾用過的教練實務，例如：

- 不批判。經理看到的也許不是標準行為，但彼此可以合作檢討，建立學習文化。
- 尋找學習機會。學員往往能隨時隨地學習，無論採取的行動是處於標準之下、及格或標準之上。
- 教練思維。看到學員的能力、機智和無限潛力。
- 好奇心。好奇學員正在經歷的挑戰，以及需要如何克服困難。
- 尋找潛力和介入。發揮學員的優點會更有效，而且要善用學員已投入心力的領域，而不是聚焦於其弱點。

教練對話可以提升覺察，讓人員知道自己的行為是有危險的，

進而創造學習文化。更重要的是，培養自己為行為做主的想法，未來以更安全的方式達成任務。

　　這樣一來，學習的層級可以提升、領導者的自信和信任感會提高，也更有可能徹底地改變行為。用指導的方式能成功修正對狀況的反應，處理危險行動的症狀，但教練實務更有可能帶來全面的「療癒」效果。

第五部

實現教練的潛力

第 19 章

評量教練的效益和投資報酬率

能夠衡量財務影響，才能判斷未來的投資是否合理。一旦
展現它的有形影響力，遊戲規則將徹底改變。
——艾倫・巴頓（Allan Barton），奧雅納工程顧問公司（Arup）總監

教練實務對於主管與下屬、教練與學員有什麼效益？採納教練
文化對於組織有什麼效益，以及如何評量教練實務的投資報酬
率？評量教練的影響力就像聖杯一樣難求，我稍後會說明。現
在先列舉組織進行教練實務的效益。

增進績效和生產力

這方面的增進肯定是首要任務，因為如果在這方面毫無成果，
相信人們都不會需要教練。教練能引導個人和團隊發揮極致表
現，而單靠指示絕對無法激勵任何人去成就任何事。

增進事業發展

培育人才不只是派人去參加每年一或兩次的短期訓練。在工作中訓練除了能創造學習文化,同時也能維繫人員長期樂於工作。你的領導方式可以啟發他們的發展,或讓他們原地踏步。一切取決於你。

增進人際關係和工作投入度

尊重和重視人,將可增進人際關係、提高工作投入度,以及伴隨著教練實務而來的成功。向別人提問,表示你重視他們和他們的回答。如果你只是一直說話,就無法和別人思想交流,因此也無法創造任何附加價值,甚至可能是對牛彈琴。我碰過一位沉默寡言卻很有前途的年輕網球員,然後問他覺得自己的正拍有哪些優勢。他笑說:「我不知道,以前從來沒有人問我的意見。」這就說明了一切。

增進工作滿足感與長期工作

緊密的協同合作能提升工作的愉快感,進而增進工作氣氛。採用教練風格的領導者認為,隨著團隊成員的滿足感和長期工作的意願提高,他們自己的工作滿足感也隨之提升。

領導者有更充裕時間

受過教練實務的團隊成員樂意承擔責任,不需要被催促或監督。領導者因此如釋重負、壓力減少,有更多時間往後退一步

進行策略思考，而不需要被困於日常的營運作業。

提升創新能力

領導者認為，教練實務及其環境能鼓勵所有團隊成員提出具有創意的建議，並提升創新能力，而不必害怕被嘲笑或否定。一個創意點子往往能夠激發另一個創意點子的誕生。

善用人員和知識

領導者往往在開始採取教練實務之後，才發現有許多隱藏的資源是可以運用的。教練實務可以培養個人的思維和技能，以發掘員工的優勢與特質。這麼一來，他們可以在團隊中找到許多未發掘的才能，以及一些實務問題的解決方法——而這就要靠那些對於日常任務具有深厚知識的員工，或者是直接和特定的利害關係人團體有接觸的人。

人員願意付出更多

在受到重視的氣氛中，人員通常會在主管還沒要求之前就主動完成任務。太多機構不重視員工的價值，因此他們就只會做份內的事，而且覺得做越少越好。

更高的靈活度與適應力

教練思維談的是改變、回應能力與負責。未來世界對於彈性的需求將有增無減，這是市場競爭加劇、創新科技、即時全球通

訊、經濟不穩定和社會動盪直接造成的結果。擁有彈性和靈活
度，組織才能成長茁壯。

高績效的文化

教練原則是締造高績效文化的領導風格，也是眾多企業領導人
和組織機構渴望實現的理想。更重要的是，這些原則讓領導者
能帶領團隊並肩作戰，而不是單純地發號施令，要人員盲目跟
隨。

生活技能

教練既是一種態度，也是一種行為，在工作上和工作以外都能
運用。由於需求日切，即使是準備換工作的人也覺得無論身處
何方，教練實務都是無價的技術。很多公司主管對於其組織願
意投資在這項生活技能上，進而使員工能終身受用而由衷表示
感激。同時，報告也指出，利用教練方法來和問題青少年溝
通，特別有用。

教練績效的投資報酬率

如何評量這些效益呢？世界上很少有人或組織能做到這一點，
我相信正是這個原因阻礙了教練行業的成長。除非行為有所改
變，且能追蹤伴隨而來的效益，包括盈虧底線，否則教練永遠
都是一個黑盒子。

　　十幾年前，績效顧問公司發展出一套名為「教練績效投資報酬率」（Coaching fo Performance ROI）的評估法則，用以評量行為改變對於盈虧底線的影響。我們和客戶分享這個法則時，我們一再聽到客戶感覺像是鬆了一口氣，因為這是他們前所未見的新法則。我們的紀錄顯示：教練實務和培養領導力的平均投資報酬率是800%，而我們的任務之一是促進教練業的專業水平，為組織創造卓越的教練實務標準。在此前提下，我們對外公開這套法則，請造訪網站：www.coachingperformance.com，下載這套評估工具的格式。

　　這個評估法則是以成人學習理論（adult learning theory）為基礎；你跟學員一起進行評估，有助於提升他們的意識，從而更全面且持續地為個人發展做主。這個評估法則完全採用引導方式，尊重保密原則，並完全符合教練原則。

　　我們可以參考一位負責180人團隊的年輕營運經理的評估例子，就稱呼他肯特吧。開始教練訓練時，他的長期目標是三年內成為總監。之前他從沒跟上司提過這個目標，但透過教練訓練，他和上司都能就他的事業發展達成共識。我已在本書中討論到共同目標對個人的事業投入和公司的成功至關重要。

　　剛開始教練訓練時，在10分的評量標準中，肯特的上司對他要成為總監的評分只有1分。而3個月後，上司在完成評估後對他的評分居然是9分！可以看出他的表現突飛猛進。他能在6個月內就達成個人目標，可以證明1對1的教練方式是迅速且量身打造的領導力訓練計畫。教練的績效投資報酬率開

啟了神祕的黑盒子，讓教練的贊助人和你自己都能一探究竟，
了解這筆投資對組織帶來的影響。

如第13章所述，欲評量教練的效益，必須記下三件事：

● **目標和目的**：學員做主設定的目標。

● **持續行動**：學員和教練都要做紀錄，以便參考已採取的行
動。

● **記下曾發生的事**：學員和教練都要記錄進度，供未來參考之
用，其中包括流程中同儕的意見回饋。

必須將行動和進度紀錄放在一個共享文件裡。如果沒有把事情
記錄下來，就無法掌握和參照。很多教練都懶得做這件事。但
如果你在商場賺取豐厚的教練服務費，就必須精進你的記錄技
巧，免得你所有的精彩教練實務和學員的出色表現都未被認
可，而你自己也不清楚你和學員的初衷和進度。

以下是肯特設定的目標：

目標與目的：6個月

● 從執行業務轉為著重管理（60%的時間）。
● 加強授權。
● 調整組織架構。
● 招募一位有經驗的主管。
● 把直接報告的下屬縮減為5人。

- 將領導風格傳遞下去。
- 培養直接報告的下屬。

目標與目的：長期

- 35歲成為總監。

注意這裡結合了行為目標，以及組織或技術目標。在本範例中，三個月後雙方做了一次評估，確定教練訓練是否存在效益以及是否繼續教練。

我們先看一下教練的質化影響，也就是行為和態度的改變，以及這些改變帶來的影響。我們可藉此探索主觀行為的影響力，例如：透過學員的眼睛，觀察其行為對於上司、團隊成員和同儕的影響。圖19-1是這個部分的報告摘要，你可看到工作的頭兩個領域如何對應上方頭兩個目標。

接著要進入下一個階段，在可能的情況下，追蹤對於盈虧底線的量化影響，進而計算教練的投資報酬率。當然，我們必須強調預估投資報酬率是一種藝術，而不是科學，而且我們發現，如果學員是類似工程師等思想精確的人，更需要特別強調這一點。圖19-2列出相同的兩個工作領域的情況。

收集所有量化的影響後，下一步就是用以下公式計算教練實務的投資報酬率：

$$\frac{\text{加總（財務價值} \times \text{信心水平）}}{\text{教練成本}} \times 100\%$$

圖 19-1 教練成果檢討——質化

工作領域	起始和目前實行的技能水平	行為改變	對事業的影響
變得更具策略性 從執行業務轉為著重管理	一開始是1，現在是7	試著每天花點時間通盤檢視工作、思考未來，並試著以更開闊的眼光來看待目前的問題。	發掘一些潛在問題的領域。同時要具有前瞻性，與未來銜接。花時間培育管理團隊。
加強授權 培養授權工作的能力	一開始是3，現在是8	要充分授權，避免事必躬親。我每天都授權我的團隊處理專案和任務。	團隊的熱忱和發展不但能顯著提升，更增進生產力。這樣確實能節省成本，讓我也能受益，進而再投入更多時間構思新專案。

重點

工作領域：所運用的概念和簡短的說明。
起始和目前實行的技能水平：1-10級，第10級是你希望在工作中實行概念的理想層級。
行為改變：你注意到的態度和行為改變。
對事業的影響：態度和行為改變對事業所造成的有形或無形影響。

圖19-2摘錄自一份完整報告。在盡可能的情況下，要利用第三方或補充的調查資料，來佐證預估數字的正確性。學員預估三個月的總共的投資報酬達到78,000英鎊。一旦與學員完成評估，為尊重保密性，學員將親自和組織分享此報告。我們發現，學員對於能展現其工作態度，以及對事業的影響力，都感到很滿意。事實上，透過本評估，肯特三個月後就升任總監，比原定計畫提早了三年。

圖19-2　教練成果檢討──量化

工作領域	財務影響	計算方式的說明	信心水平	3個月的收益
變得更具策略性 從執行業務轉為著重管理	辨識行銷問題：每月省下6,400英鎊。	每週減少1,600英鎊的成本	100%	6,400英鎊×3×100%＝19,200英鎊
	重新設計配銷方式，進而省下5,000至10,000英鎊。	重新設計之後可以省錢：有更多時間檢討和建議新解決方案。	60%	7,500英鎊×60%＝4,500英鎊
加強授權 培養授權工作的能力	團隊成員找出可省下物流成本的地方：每月省下1,000至2,000英鎊。	每月平均省下1,500英鎊的成本	60%	1,500英鎊×3×60%＝2,700英鎊
	總收益			26,400英鎊

重點

工作領域：所運用的概念和簡短的說明。

財務影響：在可能的情況下，用你的計算方法，算出對事業的量化影響。

信心水平：你對財務影響預估數字的信心程度。

　　績效顧問公司的另一項任務是：改變人們對人力資源投資的想法，也就是：確保人們不再把人才培育的投資視為成本中心活動，而是與策略結合，進而產生收益的活動。我主張所有正在組織內從事正式教練課程的人採納「教練的績效投資報酬率」計算方法，共同協助組織認清其坐擁廣大且尚未開發的潛力寶庫──他們的員工。

評量文化與績效

我在第2章介紹過績效曲線。就如同教練的績效投資報酬率一樣，「績效曲線意見調查」是在評量教練對整個組織文化的影響。藉著產業心理學領域的既有知識，它評量文化的集體思維，以及此思維模式所創造的績效條件，將文化對應至績效曲線的單點上。

第6章曾提到，教練流程中覺察力和責任感的重要性。就和個人一樣，一旦組織知道其文化是在何種程度上運作，就知道應該改變哪些行為，以增進績效。績效曲線意見調查旨在建立覺察力和集體的行動責任，而相關的組織和個人都有責任為高績效建立背景條件。

意見調查結果將指出組織正處於四個績效階段中的哪個階段，以及下一個增進績效的重點。事實上，此意見調查不僅適用於組織、團隊，甚至是有興趣的個人也可以參與。不妨造訪網站www.coachingperformance.com，參與調查。

第20章
如何影響文化變革

你唯一的局限會不會是設定的願景不夠遠大，
還有你對自我信念的設限？

當企業面對今日瞬息萬變的浪潮時，高績效教練方式能培養出相互依存的高績效文化，讓組織裡的人員有最好的適應和成長機會。這些公司會採取互相支持和以人為本的文化，在其中，教練的觀念普遍存在，既可向下延伸、也可與同儕並肩成長進步。在教練模式中，人們的需求被承認，也能透過教練方法而釐清方向，同時教練型領導者也能了解員工的希望和期望，進而真心傾聽他們的心聲，並把所學化為行動，讓團隊為自己和他人負責，人員會因此變得更快樂、表現更好，流動率當然也會降低。另一方面，如果領導者對於教練模式只是隨口說說而已，那麼人員高漲的期望只會再次受到打擊，讓情況比以前更糟糕。

在今天的世界，公司除了需要改變領導方式，更需要公開

地信守其使命宣言中大膽宣稱的原則與道德，否則，他們可能
會被其員工和顧客指責，甚至被「用腳投票」，遠離這間公
司。公司提供的如果是對社會有真正貢獻的產品和服務，本質
上就是提供了充滿意義的工作機會；而那些提供有問題或全然
有害產品和服務的公司，則可能與追求工作意義和目的的員工
背道而馳。

　　以這個評量標準來說，很少公司是完全的好或完全的壞，
大部分是處於中間的灰色地帶。比較聰明的公司會對一切失誤
作出各種補償，例如：貢獻當地社區或出借員工參與社會專
案。

　　因此，教練既是目標──未來的高績效文化──也是達到
目標的主要因素。一個價值導向的未來，不可能仰賴外部的權
威來開藥方。當員工、股東、總監，甚至客戶都共享相同價值
觀時，績效將總是處於最佳狀態，但要做到這一點，首先必須
鼓勵人們釐清自己想要什麼。

　　所以，你要從何處著手來推動文化的變革呢？從人員，還
是從組織著手？答案是雙管齊下。強制推行民主和要求合作是
彼此矛盾的。以下是一些指導原則：

- 若重新設計公司架構的流程太激進或太快，步伐就可能超前
  員工太多。
- 若強加新設計於員工，即使是完全為他們的利益著想，他們
  還是有可能反對。

- 行政人員和資深主管必須一開始就以身作則，展現理想的態度和行為模式。

- 不可強迫人員改變，要讓他們有機會選擇如何改變。

- 必須協助人員自我培育，透過教練方法去實驗你希望新組織會出現的態度和行為。

- 若參與變革者缺乏共同願景，改變就不可能成功；但若高層缺乏崇高願景，則連開始變革都談不上。

- 必須準備好全面改革整個組織的生態系統。若缺乏一致的流程、組織和獎勵架構，廣泛的行為改變就不可能持續下去。

生態系統

改變組織文化必須兼顧到 EQ 層面，以讓組織的生態系統中所有元素能達到一致和平衡。這些元素包括「比較硬性」的技術性元素，例如流程、系統、架構，以及「比較軟性」的元素，也就是人、社會性的和行為元素，再加上處於系統核心的領導（見圖20-1）。唯有處理好所有這些元素，組織才能夠轉變。

　　組織常常錯在只強調一部分的元素，我稱之為採取交易（而且是失敗的）方式。這些組織會陷入兩個陣營之一：一個是完全忽略了文化的變革才是重點，而試圖引進新系統，或只想要在組織圖上把框框移來移去，它忽略了運作一個新系統所需要的新行為和環境，因此績效增進永遠不會實現。另一個是，組織了解到文化需要改變，於是著重在行為和人員身上，

圖20-1 生態系統

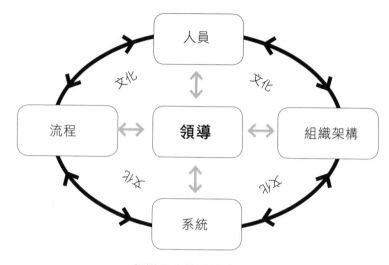

領導是生態系統的核心

卻沒有利用系統和流程去支援獎勵想要的新行為,或一致地為他們打造可以蓬勃發展的環境。前一種改變方式其實可以外包給一些業務改善公司處理,而後一種改變通常可由第三方的人力資源公司負責。

如果你是以教練身分與公司的領導團隊合作,並希望能透過改革領導團隊以增進績效,第一步是要幫助他們認清,透過變革想要得到什麼,以及變革涉及到哪些元素。你也需要確保他們堅守承諾、貫徹變革。這可能需要投入時間,但董事會通常因為有短期壓力而不願意這麼做。然而,沒有董事會的承諾和擁護,長期有效的轉變是不可能實現的。因此,想看到改變發生的意願是重要的,因為即使所有的偉大計畫最終都失敗

了，人們至少不會有強烈的理想幻滅之感。

　　鼓勵領導團隊回答下列問題，讓他們釐清想達成的目標之基本要素：

為什麼？

- 我們為什麼要這樣改變？
- 內在和外在的驅動要素是什麼？

什麼？

- 我們要改變成怎樣的面貌？
- 要改變什麼、要保留什麼？

如何？

- 我們將如何設計和呈現改變？
- 誰要做什麼事？

一旦他們了解和接受眼前的現實，你就可以與他們一同設計規劃，處理整個組織生態系統的相關改變。

　　至於人員和行為方面，領導力發展計畫有助於培養高績效文化所需的領導技能、行為和思維。下一章會探討領導力的基礎，因為教練和領導力在持續的變革中都扮演重要角色。

第21章
領導的素質

擁有遠見的領導者必須抱持價值觀和願景，

真誠、靈活，並聚焦於達成目的

我認為未來的領導者應有義務啟動個人發展的旅程，才不愧是一個領導者。我們活在一個追求（甚至期待）及時滿足感的世界裡，但領導的素質得來既不快速、也不廉價。

本章強調所有盡責的領導者常見的主要特質，以及與當代特別相關的特質。先是價值觀（values），這裡指的是個人，而不是公司的價值觀。

價值觀

人們普遍相信（特別是宗教人士）價值觀源自於宗教，沒有宗教就沒有價值觀。這是錯誤的想法，因為很多人沒有宗教背景，或本身是不可知論者（若非無神論者），但依然展現值得

效法的價值觀。更深層的事實是，我們真正的價值觀藏於心中，到了最深層時，就是所謂的普世價值。

在個人發展的較底層裡（遺憾的是這是最常反映大部分人性之處），人們只是很模糊地觸及其內在價值，雖然它們可能會在回應危機時突然出現，但其餘時間都隱藏在家長、社會和文化的制約環境裡。

企業犯罪的泛濫，以及單純的貪婪，證明許多當權者缺乏足夠的成熟度或心理發展，以覺察其深層的內在價值，更不用說要秉持價值而生活和工作。商業風氣讓情況變得更糟，促使人們把重心放在財務，而不是社會或環境利益上，更鼓勵他們與其他玩家同流合污。股東（特別是法人股東）只要求財務上的收益，而不是關於人的成長。

這種老舊遊戲和思想，對愈來愈多成熟和價值導向者來說，是不合時宜且不能接受的。他們是未來的領袖，如果我們在乎孩子和他們後代的生存空間，就只能接受和支持他們。

訓練有素的專業教練能夠用各種練習去深入學員的意識思想，讓雄心壯志的領袖找出其價值和其他重要特質。採用教練方式來探索過往的活動與熱情，能顯示日後可進一步磨練的模式，以精確走向更廣闊的道路。我的親身經歷就是最好的例子。

我個人的例子

我在1970年前往加州攻讀當時最先進的心理學，積極追求個

人發展之路。我學到首先必須擺脫最糟糕的父母、社會和文化制約，才能開始探索自我和個人的價值觀，以及用前所未有的清晰度，發掘更深層的社會問題。之後，我的關注點從自己轉到他人身上，對這個我以往並不關心的世界，我當時覺得非常不滿。

　　一開始宣揚個人生涯發展時，我做得不成功，聽過我的理論的人寥寥可數。後來我加入了反越戰運動，進而關注各地的不平等和剝削現象，不久之後更參與各種議題。當時的我肯定是價值導向，但我注意的事情實在太分散。

　　當時還沒有所謂的教練（coaching），因此，透過治療師的幫助，我發現那些我能稍微發揮影響力和最熱衷的議題都是關乎公義。我也關心很多其他問題，總是義不容辭地協助相關人士，同時也越加確定，社會公義就是我要走的路。我更探索自己的潛意識，想知道這一切是否和療癒（therapeutic）有關，因為我還記得，在很早很早以前我曾受過不公義的對待，或是造成了一些不公義的事情，並試圖自我救贖。但我發現並不是這樣，因此，我開始接受我的目標就是盡我的力量維護公義。

　　過了一段時間後，我發現我的目標實在設定得過於籠統，必須把事情說得更明確和具體。這次透過教練的協助，我檢視所有讓我最沮喪和最投入改變的事。我發現最厭惡的不公義大部分源自從微觀到宏觀的濫用權力，無論是虐待兒童，到大公司的濫用員工、顧客和供應商。我因此真正釐清我是如何和為

什麼鍾情於大機構的教練和領導力訓練。但更宏觀和最令我憎惡的，是小國遭受超級強國及它的權力菁英、領袖凌虐。

如果你想要先成為一個價值導向的人，然後專注於這些價值，我希望這個簡短的個人啟示，能勾勒出你應該採取的步驟，引導你重新設定人生的航道。

價值導向的領袖

因此，我們需要價值導向的領袖，也就是說：擁有集體價值觀，而不是自私的價值觀，而且十分明確了解其價值觀，並可將之最有效應用於最適當議題上。如果企業執行長內心突然發出警訊，例如感覺忐忑不安，或人生毫無意義，就應該與教練一起探索其價值觀。同時可能還有一個問題：他們的價值觀是否能夠和企業的價值觀看齊。我是指：公司所實踐的價值觀，而不是口頭上說說的價值觀。如果兩者的價值觀不一致，執行長就會面臨一些艱難的抉擇：辭職，或是負起責任去改變現有的企業價值觀，以符合更崇高的普世價值。如果他們的職位還不夠高，就必須找到方法，在企業內表達個人價值觀，以造福大眾。

李察‧巴瑞（Richard Barrett）曾經在世界銀行（World Bank）的人力資源部工作，他根據馬斯洛的模式，設計了一種「企業轉化工具」（corporate transformation tools），用以評量企業內每個人的價值觀。

所有員工必須花15分鐘，上網勾選三組問題（這些問題

是專為該公司而設計的），第一組是選出自己擁有的價值觀，第二組是他們目前看到的企業價值觀，而第三組則是他們希望企業擁有的價值觀。調查結果會得出每個人的個人價值觀，以及員工對企業的觀感和期望。後兩者之間的差距就顯示出需要改進之處。

　　資料還可以切割成更小的區塊，顯示部門的價值觀、薪資等級、性別、年齡和職能等，以辨識特定領域的優缺點。這個流程能帶來許多寶貴的資料（我很難在這裡解釋），其中包括領導力。李察的書已刊載所有資料（請參閱參考書目）。我會向所有的企業教練和人力資源專家推薦這個很棒的系統，特別是當董事會或財務長認為無須改變內部政策和流程的情況。在大部分情況下，調查結果明確、透徹、具啟發性和說服力。

　　然而，若是負責制訂企業使命和價值聲明的董事會成員發現，他們要走的方向與員工背道而馳時，他們就會陷入兩難困境。試圖強迫員工改變其深層價值觀以配合特定的價值觀，很可能會導致災難性且無效的結果。他們應該思考如何校準企業和其員工的價值觀。責任現在回到公司高層身上。但是在實務上，通常可以找到（或討論出）能符合所有人需求的價值觀。

原則

領袖不僅要以價值觀為導向，同時也必須把它轉化為指引員工作業的原則。全系統思考（whole-system thinking）與原則的關係密不可分，意味著若未妥善連結各個領域，就可能發生意外

的後果。這些後果往往完全不可預測,在這種情況下最佳的做法是:人員採取的每個行動都必須符合企業的指導原則。若他們已在個人成長的道路上走得夠久,就可望能符合領袖的目的。

不妨看一下這個例子。前澳盛銀行(ANZ)執行長約翰・麥法蘭在本書的前言提到:「卓越企業的領導方式,是以原則為基礎。」以下是目前澳盛銀行在官網刊載的企業價值觀:

> 澳盛銀行秉持「做好該做的事」的價值觀。
>
> 　我們的價值觀是組織共享的立場聲明,說明在任何情況下,都絕不向客戶、股東、社群和彼此妥協的事。
>
> 　實踐澳盛銀行的價值觀有助我們達成更佳的事業成果。在同時遵循我們的商業守則和道德標準的情況下,價值觀指引我們的行為操守,協助我們日常工作時作出正確決策。
>
> 　我們的價值觀是:
>
> | | |
> |---|---|
> | **誠信** | 做對的事 |
> | **協同合作** | 為我們的顧客和股東互為連結、密切合作 |
> | **當責** | 為自己的行動做主,努力達成任務 |
> | **尊重** | 重視所有人的心聲,向澳盛銀行反映顧客的看法 |
> | **卓越** | 竭盡全力,協助他人進步,並秉持商業精神 |

在此我們看到價值觀已轉化為原則,而原則的重點在於:指引人員的行動和行為,並預留足夠的彈性,去處理規則所不能及的單一狀況。如同第2章所說明,原則是相互依存和高績效文化的重心。

願景

領袖的第二個必備素質是：寬廣且深入的願景。現代商場競爭和不確定性日趨激烈，企業領袖易於戀棧利潤底線。他們似乎被眼前的數字蒙蔽，視線無法超越電腦螢幕而遠眺窗外的世界。有多少領袖會衡量決策對於下一代的影響？這些決策是否反映和延續舊方法，以致於對環境帶來進一步的破壞，或對社會不公不義，還是說，它能帶來美好的改變？

我們可以不假思索地說領袖應該要有長期願景，但若是站在財務的角度來看就不同了。最高職位不斷輪替，領導者通常是因為其創造短期財務成果的能力（而非因為其長期願景）而被聘用的，也往往能獲得豐厚的紅利。所謂的長期願景已被貶低為一種領導素質而已，這是很大的隱憂。

所謂的創新和突破往往來自於對問題的不同或更寬廣的觀點，但過去組織制訂的願景大部分都是狹隘且焦點一致。今天的世界互為連結、溝通迅速，因此必須採納通盤的思維，更不用說在未來是勢在必行。此現象自動演變為個人不斷地追求成長。

這麼說來，我們該如何詮釋領導力素質中的願景呢？它可以分為兩個部分。第一，是「展望」和夢想的能力，也就是說：塑造清晰和大膽的圖像，呈現領袖在不受傳統約束的情況下對事情的長期期望。這包括：長時間的深入探索，以及整個組織體系的集體思維，超越疆界地互為連結。願景的第二部分

是：把圖像以啟發他人的方式對外傳達，也就是有「遠見」。
透過傳達和啟發他人，創造出追隨行動。領袖如果沒有追隨
者，又怎能稱得上領袖呢？

真實的自我

另一個重要的領導力素質是真誠（authenticity）：真實表現自
己，不怕在別人面前表露這個真我。真實可靠是永無止境的旅
程，意味著擺脫父母、社會和文化的制約，以及人生路上累積
而來的錯誤信念和假設。同時，你也要從恐懼中釋放自己，包
括恐懼失敗、恐懼與眾不同、害怕表現愚蠢的一面、害怕他人
的真正想法、害怕被拒絕，以及更多的自我中心。

次人格模式（subpersonality model）對教練克服真我的議
題很有幫助，我們將於第23章更詳盡說明。個人成長的下一
個階段是在經驗豐富的教練的幫助下，學會退後一步，成為冷
靜的觀察者。這和樂團的指揮類似，指揮無須自行演奏任何一
個音符，就能帶領整組樂手演奏並詮釋整首交響樂。也許我們
可以把它稱為自我掌控（self-mastery）狀態，內含強大的個人
力量和自我信念。

從心理綜合學來說（也會在第23章說明），這個地方稱為
「我」，有時候解釋為「我們到底是誰」，或「我們的真實自
我」。羅伯托·阿薩鳩里（Roberto Assagioli）對「我」的定義
是：在純粹意識（覺察）和純粹意志（責任）之內的一個所

在。這是真正的領袖應經常維持的理想狀態，而且是非常有力、無懼、真實、一致的狀態，鮮少人能在未自我深入探索發展的情況下而能達到。它等於吉姆‧柯林斯（Jim Collins）的《從A到A＋》（*Good to Great*）一書中提到的最高領導力，此層級的最高素質表現是個人的謙遜（自我覺察）和專業意志（集體責任）。

　　每一次教練協助學員克服小挑戰時，都會要求學員加深對挑戰的覺察並負起責任，此舉同時幫助他們更熟練地表達他們的「我」。換句話說，就是讓他們更慣常地活出這個「我」，或隨著時間過去而變得更真誠。

　　這種轉變不會在一夜之間或幾次教練課就發生，它是承諾和堅持的產物，也可能是怪誕的「靈魂的黑夜」（dark night of the soul）。然而，與可以成為「真我」，以及大部分情況下表達真我所能創造的效益相比下，你所付出的代價實在微不足道。領導別人就從這裡開始，它代表絕對的真實，並且與最美好的價值觀和願景同進退。

靈活

另一項領導的重要素質是靈活（agility）。在充滿不確定性和瞬息萬變的現代世界，彈性、改變、創新、捨棄心愛的計畫和目標的能力至關重要。必要時願意快速改變方向，以面對新狀況，也許是未來生存的必備條件。我必須強調，這不是要你在

個人價值觀或「真我」的層面上重塑這個「我」。

　　之前曾經提過，靈活是個人在兩個領域中成長的產物。你需要擺脫父母、社會和文化的制約、老舊的信念和假設，還有消弭恐懼，尤其是對未知的恐懼，那會阻止你開放而接受改變。未知涵蓋的領域很廣，包括了：陌生的水域、無法預期的他人反應，以及整個系統裡的意外後果。

　　「靈活」一詞令人聯想到年輕和體力充沛。這是人們廣泛接受的信念，在某種程度上也是事實。隨著年紀漸長，我們變得日益遲緩，如果要保持身體每一塊肌肉和關節的柔韌，我們必須運動。而我們的心智也是，通常由30歲開始，年紀越長，積習的生活模式也越來越多。同樣的度假地點、酒、購物日、衣服、上班路線、在同樣的餐廳點同樣的菜、用語，以及反應。這些都是僵化的例子和原因。試做以下這個練習。

練習：訓練你的靈活性

首先試著在一週之內（小心，日後可能會變成習慣），每天試著不去做任何你習慣做的事，無論事情的大小。列出你所有習慣的行為，並在下一週把它們改掉。以真誠問候別人、避免無謂的陳腔濫調、問計程車司機有什麼喜好、探訪老人院裡的老人、撿起花圃裡的垃圾、與街頭藝術家或乞丐閒聊、給他們5英鎊而不是50便士。點一份你從來不會點的食物，無論如何要把它吃掉。

嘗試做些不一樣的事。用這種方法訓練你的心智，甚至是身體的靈活性。你會發現用不同的方式做事，你還是可以生存。畢竟，習慣是因躲避恐懼而重複培養而成的行為。破除習慣可以帶領你邁向新路途、讓生活更有趣、開啟新發現的大門、帶來新朋友、令你成為更有趣的人，甚至令你喜極而泣。

有些人剛開始會覺得，在公司以外的地方體驗這些改變比較容易，然而事實上，同樣的原則也可以應用在工作上。

校準

企業中的校準（alignment）通常是指董事會或工作團隊成員之間為達成目標，或協議的工作方式而必須校準方針。這類校準確實非常重要，但更重要的是領袖本身的內在或心理上的校準。缺乏這樣的思維，就難以達成外在的工作上的校準。什麼是內在的校準呢？

當然是我們的次人格之間的校準與協同合作。如果企業領袖在重大決策上產生內在衝突，後果可能不堪設想。例如：某個選項可以讓決策者取得個人利益，像是收購或將組織轉為股份化；另一個選項也許會為領袖帶來較少的個人利益，卻為公司和顧客帶來較多長期利益；第三個選項也許是促進社群、社會和環境更健全。

除非領袖能明確解決其內心衝突，否則無法充分對個人選擇作出承諾。這個選擇要視其最重視的價值，或單純取決於其

價值觀而定。當你內心深處發出某個聲音，或你的次人格抱持不同價值觀，決策就變成不同價值觀的內心交戰。由於你在心理發展的過程中重視的價值觀發生了變化，或者是擴大，因此自然而然會產生這樣的內心衝突。

　一旦團隊成員抱持不同的目標，團隊就無法校準此目標，因此工作效率或成效都會降低。但這也不盡然是壞事。團隊中不同的觀點能引起良性的辯論，因而含納多種觀點，而達到深思熟慮的結果。但無論如何，一旦結束辯論，每個人都必須對達成協議的決策全力以赴。因此，決策與每個人並肩而行，或應該說是，進駐在每個人的心裡。任何人立志要成為領袖，就必須發展內心的校準，否則團隊成員會覺得領袖如同精神分裂者，也因為不知道自己正在和誰打交道，因此無法確立個人的立場。

　有時候領袖本人或其他人無法有意識地判定，為什麼領袖會無法校準，以及其程度為何。對別人而言，他們只是看似前後矛盾、不可靠、不可信賴或不真誠。然而，你無須特別觀察現在許多企業和政治領袖，就能知道問題是如此明顯和普遍。這實在是見怪不怪，因為我們或多或少都有這個問題。這是人類的一種狀態，不過它可能在育兒、教育和技術訓練的過程中明顯緩和，也比較能被廣泛認同和接受。

未來的領袖

因此，未來的領袖必須要抱持價值觀和願景、真誠、靈活和內在的校準。在這個組合中再加上覺察力、責任感，配合自我信念和高EQ，就是領袖強而有力的配方。所有成分都是有機、自我培植、零碳排放的，因為沒有一項是外來的。它們已擺在你眼前，只等著你來收割。

第22章
邁向卓越的階梯

要做到某件事，不一定需要知道怎麼做。正如你學走路、
　　跑步、騎腳踏車和傳接球，都沒有接受任何指導。

本書的內容主要是關於學習。從事各式運動的技巧之學習方法，裡頭都蘊含了教練流程的思維。然而，運動、工作和學校廣泛採用指導式（instructional）的方法，證明了人們對學習的認知仍然存在許多分歧。一部分問題是出於：教練、老師和領袖都比較注重短期收穫、考試及格或馬上完成工作，而不關心學習，或是績效表現的品質。我們必須改變這些思維，因為其結果根本不符我們所需，也無法超越競爭對手。我們必須尋找更好的方法。

人們普遍誤認為優秀的領袖是天生，而不是後天培養的，或是認為：教練風格是特定的人格特質，只有少數人擁有。然而，我們的溝通方式是從父母或其他早期影響因素學習得來的。若我們小時候未獲得教練技巧，任何人當然都能在往後的

生活中刻意把它學起來、不斷練習培養教練風格，久而久之就能在無意識的情況下，展現這樣的教練行為。

　　只要能夠從陳腐的思考模式跳脫出來，教練計畫的參與者都會對於教練原則竟然是那麼明顯而且符合常識，邏輯是那麼的確切，而感到驚訝不已。很多人都覺得這種在商業訓練領域中廣為接受的學習方法很有幫助。教練計畫一般分成四個學習階段：

● 無意識的無能＝低績效、缺乏差異性或理解。

● 有意識的無能＝低績效、已掌握個人的瑕疵和弱點。

● 有意識的能力＝績效已有改善、有意識、有點人為努力。

● 無意識的能力＝自然、融入、自動達到高績效。

圖22-1　學習的階梯

通常學習階梯（圖22-1）會逐步帶領你完成每個階段。當一個學習階段已經整合完成後，若你打算繼續進步，你就必須著手攀登下一個階梯。

你是否總是遵循這四個階段，還是有例外或更快的做法？一個孩子學會走路、說話、投擲、抓握、跑和騎腳踏車，是直接從**無意識的無能**過渡到**無意識的能力**。其後，當青少年學習開車時，四個學習階段就會清晰分明，而駕駛教練的指示會應用在**有意識的無能**和**有意識的能力**階段。

當你考過了駕駛考試後，學習流程會繼續以**有意識的能力**進行，當駕駛的動作變得更整合時，就會演變為**無意識的能力**。不久後，就算你是在思考、說話或聽收音機，都能自動開車。你會慢慢累積經驗，不斷增進駕駛技術。

你也可以刻意地重新設定階梯，以加快學習速度，其中有兩種可行方法。一個是聘請進階駕駛教練帶你完成第二和第三階段；另一個方法是，透過自我教練（self-coaching）方式。前者假設你無法判斷你哪裡做錯了，以及將來應該如何修正。你將增進駕駛技術的責任交給別人。

使用第二種方法，你將承擔責任。關掉收音機，並停止胡思亂想，以便觀察了解自己各方面的駕駛技術。如果你有意識、不批判、誠實地這麼做，你自然會看到哪些地方需要改善。可能是換檔太過猛烈、偶爾誤判速度和距離，或者是手臂和肩膀緊繃，以致於很快就感到疲累。這時你正處於**有意識的無能**的階段，並將進入下一個階段。你會刻意更流暢地駕駛離

合器，並觀察轉速表，或留意速度表，讓你的車和前面的車保持某個距離。最後，透過有意識的重複，增進的技術化為習慣，**無意識的能力**從此開始。

然而，在這個自我教練的主題上，有另一個方法是特別有效而重要的。你在**有意識的無能**中所發現的駕駛技術缺點，你不要拚命去糾正它，效果往往更好，而且事半功倍。

不要太賣力

你先抓出你想要的開車品質，例如換檔時的流暢度。比起你試著順暢換檔，不如持續觀察換檔的流暢度。為了量化它，讓你能獲得更精確的評量值，你可建立一個 1-10 的流暢度量表，當中 10 代表你根本感覺不到換檔。你可以如常開車，每次換檔後只需對流暢度評分即可。您無須額外費力，數字就會開始增加，而且在極短的時間內，這些數字就會介於 9 到 10 之間。

這時候**無意識的能力**進來了，我們不再需要監測量表，即使在極端的駕駛條件下或駕駛一輛陌生的車，你也能流暢換檔。如果發生任何失誤，只要透過一兩英里用**有意識的能力**監測和評分，就能恢復流暢度。你會驚訝地發現，這樣毫不費力的學習會飛快進步，並帶來高品質的結果。

從流程的角度來說，這是從**有意識的無能**直接跳至**無意識的能力**，而不經過**有意識的能力**階段。駕駛教練會讓你花大量的時間和金錢，沉浸在**有意識的無能**和**有意識的能力**之中。然而，他們是透過批評和指導來提供意識，但這一切都不是由身

為學員的你做主。他們越批判、獨裁，你做主的權力就越少。

不斷試圖做正確的事，和持續不批判地觀察你正在做的事，兩者之間有天壤之別。後者是輸入意見回饋循環，可以提高學習品質和增進績效，這是許可而不是強制。而前者則帶來很大壓力，是最無效卻最常用的方法。

學習和樂趣

許多企業開始意識到，如果想刺激或激勵員工，並面對瞬息萬變的需求，他們就必須成為學習型組織。**績效、學習和樂趣**是密不可分的元素，高的覺察水平能夠強化這三者，也是教練的基本目標。如果我們一開始先集中發展其中一個元素，這樣的成功只能維持一段時間。因為一旦忽略了任何一個元素，其餘兩個元素遲早會受到打擊。沒有學習或沒有樂趣之處，績效不能持續。

如果在一本談論工作的書中花一整章來談論樂趣，可能會引起讀者一陣譁然。然而，這的確是一個值得用一整章來探討的主題，不過我會克制自己！不同的人體驗樂趣的方式也會不同，我會試著用幾個段落，來探討其本質。

第7章的AT&T的例子說明，樂趣對於正確性至關重要。我們還可以從諾貝爾獎得主、心理學家丹尼爾‧卡尼曼（Daniel Kahneman）和他的同事阿莫斯‧特沃斯基（Amos Tversky）身上了解很多學習和樂趣所帶來的影響。他們在

1960年代末期顛覆了傳統經濟學。如果注重學習和創新的組織能以他們為榜樣，相信將受惠良多。卡尼曼在其諾貝爾獎得獎自述中提到，學習和樂趣是他們創新的思想的關鍵：

> 這是一段神奇的經驗。我向來樂於與人一起合作，但這次很不一樣。認識阿莫斯的人常常把他形容為最聰明的人。他本人也很有趣，滿腦子都是適用於不同場合的笑話。有他在，我也變得很有趣，結果我們可以在連串的歡樂中樂此不疲地紮實工作……阿莫斯和我共同享有一隻能生金蛋的鵝——它是比我們獨立思考更美妙的聯合思維。統計紀錄證實，合作比單打獨鬥更優越，或至少更有影響力。

卡尼曼證實：「我們很享受這個合作過程，它帶給我們無比的耐性。我們寫作時對每個字都精挑細選，彷彿它們都在記錄偉大時刻。」

由此可見，樂趣可能是來自於有能力更徹底表達自己。每次你感覺自己延伸至前所未有的境地，比方說：你展現努力、勇氣、參加活動、具流動性、靈巧、獲得成果，你的感官到達更高境界，腎上腺素急速上升。教練可直接訓練感官，特別是涉及體能活動時。因此，教練本質上就能增加樂趣。在實踐的過程中，績效、學習和樂趣之間的區別將變得模糊，而此結合的極限通常被形容為尖峰體驗（peak performance）。我絕對不是要推廣工作上的尖峰體驗，但這當中有嚴肅的一面：你必須了解教練的運作方式，尤其是進階教練實務。這是下一章的主題。

第23章
進階教練實務

世上許多心理功能障礙都是源自於：
對生活缺乏意義和目的，油然而生的沮喪感。

太多職場教練是交易性質（transactional），局限於認知心理學，或受到人本主義心理學原則的限制，並堅稱覺察力本身只具有治療性質。然而，「內心遊戲」反映出超個人心理學（transpersonal psychology），強調意志、意圖和責任的原則。教練的基礎正是這份覺察力和責任感。許多年前，我被心理綜合學（psychosynthesis）的深度和包容性所吸引，它的全系統觀點，更是從那時起就注入我的教練工作。我們稱之為轉型教練（transformational coaching），以便與交易式教練作出區隔。

　　心理綜合學是羅伯托・阿薩鳩里（Roberto Assagioli）於1911年建構成立。他是佛洛伊德的學生，也是義大利第一位佛洛伊德精神分析師。就像榮格、他的朋友和學生一樣，阿薩鳩里反對佛洛伊德狹隘的病態和動物性人性觀。兩人都認為人

類擁有更高等的天性，而阿薩鳩里聲稱世界上許多心理功能障礙，是源於對生活中缺乏意義和目的，進而產生沮喪，甚至是絕望的感覺。

心理綜合學提供了許多圖像和模型，為深層的教練實務交織出非常有用的搖籃，其中之一是簡化的人類發展模型。和所有模型一樣，它並非事實，而是讓你開始與教練對話或在自己的思想中對話的模式。此類進階教練實務將邀請學員把生活重塑為一個發展的旅程，尋找每個問題中的創意潛力、把障礙視為踏腳石，並想像生命內含目的，必須克服挑戰和障礙才能達成目的。教練的提問將尋求學員認定問題的正面潛力，並選擇將採取怎樣的行動。這就是「績效曲線」的高潮，因為它同時關照內在和外在世界，將個人和組織，與社會和整個地球連結起來。

成長的兩個維度

你可以在這個二維模型上追蹤你自己或其他人生活經驗的軌跡（圖23-1），當中橫軸代表物質成功和心理整合，縱軸代表價值觀或精神層面的抱負。以下用兩種非常不同類型的人來說明這兩個向度的意義。

一位商人可能會專注於物質世界中的個人成就和成功，並可能已經成為整合良好的人、好父母和受人尊敬的社會成員，卻從未向自己提出有意義的人生問題。商人可能會認為和自己

圖23-1　成長的兩個維度

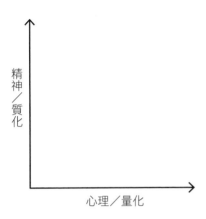

相反類型的人是懶惰、生活紊亂、好吃懶做和笨拙的。

　　與之相反，另一種人則是過著沉思和清苦的生活，但似乎沒有能力面對日常世界的現實和必要層面。他們的家庭、財務，甚至是個性都可能有點混亂。這些人過著修行式的學習或藝術生活，並且熱心助人。他們認為商人所追求的是無意義、自我中心，且往往會摧毀自己和他人的生活。

　　很少人會否認西方文化將其心力集中在沿著圖23-2的橫軸移動，而且人們做起來都是滿腔熱情、效果良好。一直以來，西方的影響力和經濟擴張的做法，都是無處不在的全球力量。但無論是東方或西方，也有許多人是沿著縱軸前進。我們走的路背離另一方越遠，就離兩者之間的理想與平衡之路越遠，所產生的張力也就加劇。

　　如果社會壓力、商業擴張或盲目的成功決心，超越了把我

圖23-2　達到平衡

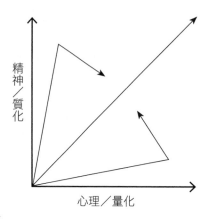

們拉回正軌的張力，我們終將面對覺醒之牆。這一道牆一般稱
為「意義的危機」（圖23-3）。一旦碰到危機，我們通常會吃
驚地後退，陷入暫時的混亂，甚至績效倒退一陣子，但與此同
時，我們最終可能會因此被向上拉扯，朝著找出更平衡路徑的

圖23-3　意義的危機

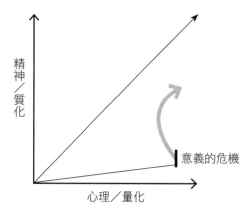

理想邁進。我們可能會更自省、或者畫畫或寫詩，並希望與孩子共度更多美好的時光。

知識

橫軸也可以等同於知識。當我們累積的知識遠超過我們的價值觀的緩和效應，意義危機就會發生。在這樣的危機中，我們會感受到豐富知識所賦予我們的能力與肯定感自此破滅，進而發現培養至今的安全感其實只是錯覺，生活分崩離析。

然而，智慧超越知識，涉及的層面也更深。它提供遠見、經常充滿矛盾，並且帶來不一樣的安全優先順序，走過危機的人就能體驗。因此，圖中的45度線可以說是代表智慧，它處於兩個極端之間，一端是任意地利用知識，另一端則是毫無依據的精神狂熱。縱向過剩也可能導致人們陷入危機，即二元性危機（crisis of duality），他們的理想主義幻覺與世俗嚴酷現實之間嚴重分裂。他們跌跌撞撞地回到現實，並且在價值觀上作出妥協，以取得適當的工作。

我在這些心理綜合圖中省略了一個元素：超出45度箭頭的一個光點。它代表我們更高的自我或靈魂，可以視為我們的目的和智慧泉源。它溫和地拉動我們「返回正軌」，而我們卻很容易用更多的世俗欲望和野心掩蓋這一點。在過去，理性的科學思維很容易忽視它，視之為幻想玄念；然而，神經生物學的最新發展揭示了大腦顳葉中所謂的「神點」（God spot），用丹娜・左哈（Danah Zohar）的話來說，這可能是：「我們更偉

大的心靈精神智慧之重要組成部分。」

　　企業已正確認識到世界上許多系統正在從規範轉向選擇。教練式領導風格也是如此。人們希望，也將繼續期待未來享有更多個人的選擇。當然，危機不是心理和精神發展的先決條件。有些人在既沒有危機、也沒有教練的情況下，在人生旅途中走了很遠。其他人則經由後果沒那麼嚴重的一連串小危機中慢慢前進，方向變化也不那麼劇烈。

次人格

> 有時候當我審視性格的各個部分，我會感到困惑。我知道我是由幾個人組成的，而且此刻掌握優勢的人，終究得讓位給另一人。
>
> ——毛姆（W. Somerset Maugham）

進階教練實務是與所謂的次人格（subpersonality）共同運作的；個人的不同面向會有不同的個性和目標。例如，你有沒有試過在一個明亮、陽光明媚的早晨醒來並想著：「哇，我何不起床去海灘散個步？」然後一瞬間你聽到另一個內心的反對聲音：「不要吧，放輕鬆，在床上休息。這裡多麼溫暖和舒適呀！」到底是誰在和誰說話？是你的兩個次人格。而且你還有更多人格，其中包括正在傾聽雙方對話的人格。

　　我們都會認識一些穿著上班服裝，在鏡子前欣賞自己，然

後抬頭挺胸，邁步走進辦公室的人。但當他們和同伴外出，或去探望祖母、和孩子一起出門時，他們也會這樣走路和說話嗎？應該不會。我們會在不同的環境中會引用不同的個性，甚至是人格，這一點取決於我們如何看待自己或希望如何被看待。許多次人格源於我們的童年，也就是在潛意識裡設法從父母處得到我們想要的東西。我們可能會提高聲調、低著頭，狀似可憐地說：「我可以再吃一塊巧克力嗎？求求你！」如果這一招不成功，我們會嘗試另一招，直到成功為止，接著我們會越練越精。我們發現這招在其他人身上也行得通，甚至也適用於成年後，而且不僅限於巧克力。大部分的次人格都有其需求，有些也擁有天分，例如：英雄通常很勇敢，如果需要拯救他人時，這就是有用的天分。

面對內心衝突的教練

學員存在某種內心衝突時，你可以問：「哪一個部分的你想這麼做？」然後問：「這個部分有什麼其他個性？其他部分想要什麼？」這些教練問題旨在幫助學員更認識和了解其原動力和內心衝突，為解決它們做好準備。

　　學員對你的教練方式感到自在時，你就可以請他們列出一些名字（巧克力狂、英雄、受害者等），以表達他們的次人格。許多教練問題都是從這一點演變出來：

- 你認為哪一個最干擾到你？

- 什麼情況下這個次人格會出現？
- 給我一個最近期的例子。
- 那時候它想要什麼？
- 它得到了嗎？如果是這樣，你認為別人的感覺如何？
- 在哪些情況下，有什麼其他方法可以讓你得到想要的東西？

這個流程可以提升學員的自我覺察，直到他們可以開始選擇如何呈現自己，而不是因為特定狀況而自動進入某個次人格。他們正在強化自我責任感，並朝著更強的自我控制邁進。當兩個次人格一再發生衝突時（例如：去沙灘散個步），可以請學員想像兩個人格正在對話，甚至讓它們談判（例如：每週散步三次，其他四天安心賴床）。

你是誰？

說明次人格的其中一個方法是：設法找出我們「認同」哪些描述、角色、甚至是物件。如果你問一個陌生人：「你是誰？」他通常會告訴你他的姓名。但是，如果發生意外時人們聚集並著手幫忙或圍觀，警察或親屬可能會問推擠穿越人群的人：「你是誰？」在這種情況下，這個人可能會說：「我是醫生」，因為那會比他的姓名更相關。在不同情況下，人們會視情況而說明自己是個商業人士、兵工廠隊的球迷、會計師、賽車手、女權主義者、美國人、父母、教師、學者，應有盡有。這些身分都不是真正的他們，但那是人們在某個時刻或某種情況下，

對某部分的自己所作出的認同。

　　有些人會嚴重陷入某個次人格中，因而拒絕自己的其他部分，而這些部分可能更有趣、更有創意、更幽默、更適當等等。有些人甚至把自己認同為物品，例如：他們的衣服或愛車。他們不只擁有它們，更成為它們。重要的是，人們要知道在這些臨時和表面的身分認同背後，他們到底是誰。

　　一個人也可以比喻為一個團隊，其中不同的成員擁有不同的特質、願望與期望。重要的是要讓團隊成員開誠布公，談論他們的需求和差異，並開始合作，甚至相互支持，以實現彼此的個人抱負。教練方法可以幫助人們的內在彼此整合，以及與他人合作。你會發現這樣的流程就是在提升自我覺察力，然後提升自我責任感。

　　在工作場合，甚至在家裡，許多的衝突都是來自一個人的次人格與另一個人的次人格在對抗，這種情況往往令人筋疲力盡。一旦他們意識到這只是一個人的一部分與另一個人的一部分發生衝突，衝突的能量就會消散，彼此開始管理其次人格，並適應對方的不同次人格。他們甚至會發現自己對以前爭辯過的事情，竟然能達成協議。

　　可以用很多方法來利用次人格，而且它們也會以多種形式出現。你甚至可以把團隊看成是擁有次人格。另一個有用的比喻是：這些次人格都是管弦樂團的成員，每個次人格演奏不同的樂器，但它們可以組合起來。公演之前調音時，每種樂器都發出不同的聲音，若你站在一旁聆聽，可能會覺得很不協調，

也很刺耳。然而，一旦樂團指揮站在台前，管弦樂團瞬間就能
演奏出美妙的樂曲。

自我掌控

這個重點帶出了另一個問題：「我可以勝任我的管弦樂團指揮
的角色嗎？」答案是肯定的。只要透過解除認同，或退出你的
次人格，並成為流程的觀察者。我不得不補充一點：這是非常
深層的事情，而且不會在一夕之間發生，但你身為個人管弦樂
團的指揮，這是一個非常平靜強大的狀態，我們稱之為自我掌
控（self-mastery）。用心理綜合學的術語來說，指揮就是
「我」，是純粹意識和純粹意志的中心。這完全等同於覺察力
和責任感，所以你現在應該了解教練的核心目的就是建立
「我」的素質與存在。這與柯林斯（Jim Collins）的《從A到A
＋》所界定的最高等級領導力的領袖之素質不謀而合：謙卑
（humility）。它是自我覺察、意志與熱情的不可或缺的夥伴。

所以說，我們要遵循哪些步驟，才能達成校準的效果呢？

● 第一步：承認你也有次人格，找出你最活躍的次人格，以及
它控制你的時機。這需要誠實的自我反思，在教練的協助下你
會獲益良多。

● 第二步：願意對其他人承認，衝突的次人格是存在的，並探
索它們何時出現和控制你、它們想要什麼、如何限制你，以及
如何能對你有助益。

● 第三步：讓它們彼此合作，這就是內在校準的開始。例如：
回想之前關於不同聲音爭論早晨散步或賴床的例子。兩種聲音
可以在角色扮演練習中談判妥協，例如：每週兩次晨跑可以換
取三次心安理得的賴床。

● 第四步：最後階段是真正的綜合或協作，最終結果是達成整
體利益。這種發展流程可以在家裡進行，利用自我反思、冥想
和視覺化練習等方法，而流程本身需要事前的經驗或訓練，最
好是在進階教練的幫助下進行。此外，參與特別為此目的而設
的小組訓練，也會對你有很大的幫助。

對於渴望了解的教練們來說，以上我已針對進階教練實務的領
域做了說明。在此強烈建議所有對此領域感興趣的教練和領導
者接受正式的進階教練實務訓練，因為在安全的環境中演練並
取得意見回饋，是學習的關鍵要素。要把事情做好，不會只有
一種方法，但以下詳細介紹的這種進階教練的方法，則是你至
少可以密切依循的教練實務入門之道。

建構白日夢或視覺化練習

許多進階教練方法企圖接觸埋藏在理性、邏輯和有限心智之下
的完整之潛意識系統。就如同第3章所述，建構白日夢或視覺
化練習可以引導想像，讓學員想像自己身在登山的旅途中，這
是一種成長的原型象徵。告訴他們途中會遇到一些事物，包

括：從禮物到障礙物、從動物到智慧老人，並要求他們想像將會發生什麼事。流程中發生的事件、他們發現的障礙物、以及途中遇到的人事物，實際上都是學員心中的象徵符號，將在隨後的教練流程中一一揭示。

　　請進行以下練習，探索當中的底蘊。當然，教練也可和學員一同進行此練習。一旦你已有充足的信心，建議你以即興、不經意的方式請學員開始此練習，那樣做更真實。

　　學員完成視覺化練習並短暫休息之後，我會請學員回憶這場經歷，特別著重在障礙物對他們來說象徵著什麼，以及他們會用什麼個人特質去克服它。你碰到的是什麼動物？對牠有什麼感覺？與動物展開怎樣的對話？牠象徵什麼？接下來再問禮物是什麼？是誰送的？它有什麼意思？最後，問他們智慧老人是誰？你問的問題是什麼？得到怎樣的答案？重要的是，它們到底揭示了什麼？當然，這場經歷可能還有其他的面向可供進一步探索，但以上這些可以讓你先掌握住重點。

　　至於視覺化練習的時間長度，爬山應該是緩慢而刻意的，在句子和句子之間應留有足夠的時間，可能大約20秒，而整個上山下山的旅程大約需15分鐘。後續的回憶和討論則是可長可短，視情況而定。

　　我希望以上的說明能讓你對這個流程有個大致的了解，以便自行實驗。重要的是，要發展出你自己進行這類練習的真誠風格。

練習：建構視覺化

找你的同事、學員或家人一起做這個練習，並請一位讓你
覺得自在的人為你朗讀。

- 什麼都不要想，就只是安靜地坐一會兒，深呼吸幾下。
- 現在，你身處大自然當中，站在山腳下的田野中。
- 開始慢慢走向山，開始走第一個緩坡。
- 上坡的道路越來越陡峭崎嶇。
- 你現在在一片叢林裡，四周都是岩石。
- 突然間，你碰到一個明顯過不去的障礙物。
- 你想繼續走，而且想到了要如何克服它。
- 儘管需要一番掙扎，但你終於成功，並繼續前進。
- 很意外地，你碰到了一隻動物，而且更讓人驚訝的是，
  牠居然對你說話。
- 你害怕嗎？牠說了什麼？可怕嗎？你又說了什麼？
- 是時候繼續爬坡，你對動物說再見。
- 你來到叢林的邊緣，清晰的高山盡收眼底。
- 路上放著一份你知道是屬於你的禮物。你把它撿起來隨
  身攜帶。
- 現在你快走到山頂了，景色非常壯觀。
- 當你繞過一塊岩石，有一位智慧老人坐在那裡。
- 他向你問好，表示他正在等你。

- 他邀請你提出三個問題,他會給你答案。
- 你將想到的問題逐一發問,並得到答案。
- 你讓答案沉澱,接著他向你道別。你又開始自己的腳步。
- 下山的旅程很輕鬆,路上沒有花太多時間。
- 不久後你就發現自己返回起點的田野。
- 準備就緒後,慢慢返回房間,睜開眼睛。

現在拿起紙和筆,記下你記得的一切,包括與動物的對話、你提出的問題,以及從智慧老人那裡得到的答案。

了解更多

取得ICF專業教練認證(ICF Professional Coach Certification)或類似認證的專業教練都能對這些工具運用自如。至於不打算成為專業教練的領導者,強烈推薦你參加進階教練實務的領導力教練訓練,因為它不僅可拓寬你的技能範圍,更重要的是,可以促進你的個人發展。隨著時間的推移,以及社會的進步,進階教練實務將越來越受到重視。

附錄

附錄 **1**

教練實務詞彙

當責(Accountability) 教練信任學員,透過一開始共同設計和
達成協議的架構和評量方針,在不責備或批判的情況下,讓學
員對自己在思考、學習或計畫的事情和目標的進度負責。教練
協助學員以「我們都對自己的發展負責」的思維,為自己建立
當責架構。建立當責的問題包括:「你將做些什麼?」、「何時
開始做?」和「我將如何知道?」。另參考檢查進度(Checking
in on Progress)

認同(Acknowledgment) 教練感知並透徹了解學員內在的
「自我」正在採取行動、發展覺察力,或是渴望這麼做。另參
考欣賞(Appreciation)

行動(Actions) 參考當責(Accountability)、腦力激盪
(Brainstorming)、慶祝(Celebration)、設計行動(Designing
Actions)、檢討行動(Reviewing Actions)

積極傾聽(Active Listening)　教練傾聽並理解學員透過言語、沉默、語調、肢體語言、情感和能量所傳達的內心世界，傾聽他們內心的信念與疑慮、動機與承諾，傾聽學員的願景、價值觀、目標和更偉大的目的。教練要傾聽學員的「言外之意」，了解學員沒說出口的話。教練專注於學員想做的事，不作批判，也不帶情感連結；整合並建立起學員的思考、創造與學習；鼓勵和加強其自我表達，以及有目的的探索。另參考直搗重點(Bottom-Lining)、教練的存在(Coaching Presence)、直覺(Intuition)、釋義(Paraphrasing)、反映(Reflecting)、摘要(Summarizing)、發洩(Venting)

進階教練實務(Advanced Coaching)　邀請學員把人生重新架構為一個發展的流程，看到目前現實狀況中的創意潛力，尋找意義、目的和強大的自我意識。它反映超個人心理學，以認定並回應學員對超越個人、物質和日常事務的渴望，並增加更深刻的意志力、個人責任感，並帶來比自我更強大的力量。它是轉型而非交易，強調探索，並擁抱學員的全人──他們的優勢與天賦，以及受限的信念與模式。

　　教練完全信任這個流程，而且不怕向學員提出與其隱藏的動機和障礙有關的問題。這是一個賦權的流程，讓學員發現自己是誰，並從自己的核心開始運作。這是他們最深刻的價值觀和素質的來源，是真正的個人力量、創造力和實現理想的源泉。另參考教練實務(Coaching)

議程(Agenda)　學員決定教練實務的重點，而教練全程參與這個議程，對結果不帶情感連結。不斷聚焦於「整體的」教練計畫和目的、期望的結果和協議的行動。在卓越的教練實務中，教練會要求學員深入剖析真正的問題、渴望和議程。另參考夥伴關係(Partnering)

協議(Agreement)　教練和學員一開始就共同設計教練協議／聯盟，並定期檢討相關計畫，確認學員希望從長期的教練互動中想得到什麼、學員的需求與教練採用的方法之間是否能有效配合，以及教練和學員的職責。一開始的重點是：確保學員了解教練流程的性質、可選擇不同的方式回應教練的要求，進而建立適當的關係，並討論特定因素，例如：後勤作業、費用和時程安排。另參考議程(Agenda)、道德準則(Ethical Guidelines)、專業標準(Professional Standards)

聯盟(Alliance)　參考協議(Agreement)

類比(Analogy)　類比可內含隱喻，或將事物比作另一個類似事物。它可以進一步增加推理或解釋，說明概念或流程。此外，透過與熟悉的事物作出比較和提出範例，它可幫助學員了解複雜的概念，探索兩者之中可能從未被考慮過的相似處和關係。

　　佛洛伊德（Sigmund Freud）談到類比時表示：「它們可以讓人感到更自在。」你也許可以透過以下的類比幫助學員：

「我希望下一次競標時能脫穎而出，就如同**鑽石**般耀眼、經得起考驗。我所提供的條件清晰明瞭，同時能根據買家的要求，反映不同的想法。」另參考**釐清**(Clarifying)

欣賞(Appreciation)　教練向學員傳達對他們欣賞之處，此舉可提升學員的自我信念和信心，幫助他們更充分了解自己。欣賞是一種真誠的認同。

清楚表達現實(Articulate the Reality)　教練說出他所看到的現狀，例如：學員已採取的行動，以及行動對他們的影響，來確認或補充洞見。另參考**反映／鏡像**(Reflecting/Mirroring)、**總結**(Summarizing)

真誠(Authenticity)　教練必須對自己的真我感到自在。當教練承認他們不知道下一步要談什麼、或談到自己面對掙扎的故事時，學員會感覺到教練的真實自我，並能更自在地表現出脆弱、承認掙扎、疑惑和失敗。

覺察(Awareness)　透過思維、感官和情感，而得到自我實現的、高品質的相關輸入。覺察可以是對自我的、對他人的、對事物的、或是對狀況的覺察。教練旨在促進學員培養正確的自我認知能力、提高其對相關領域的覺察，從而提升學員的成長空間和績效。它可以增進學習、成就和樂趣。覺察是培養責任感、自我信念和自我激勵的基礎。另參考**情緒智商**(Emotional Intelligence)

身體智慧(Body Wisdom)　體能活動或情緒衝擊中對身體感官的意識。這可引導學員對目前發生的狀況採取行動或產生好奇。另參考直覺(Intuition)

直搗重點(Bottom-Lining)　教練幫助學員快速表達其話語的重點，而不至於陷入冗長的描述。教練掌握積極傾聽的核心能力，能「深層理解」從學員口中聽到的內容，並加強其清晰度，持續帶領雙方的對話。

腦力激盪(Brainstorming)　教練提供予學員集思廣益的選擇，對所取得的想法不帶情感連結。教練和學員同時作出貢獻。教練鼓勵學員提出想法，是鼓勵他們發揮創造力和機智的好機會。

慶祝(Celebrating)　鼓勵學員並且給他時間，讓他為自己所做的事做主、打從心底慶祝自己的成功、並欣賞自己擁有能培育未來成長的能力，為他們打造能真正體驗個人成功的方法，而不是設定一連串的挑戰。慶祝是身心疲憊的靈丹妙藥。

挑戰(Challenging)　教練邀請學員跳出自己的舒適區，並挑戰假設、受限的信念，以及提出可激發新見解和可能性的觀點。老練的教練能在不帶批判或批評的情況下挑戰學員。

擁護(Championing)　教練看到學員的潛力，並相信學員是能幹和機智的。教練管理自己的受限信念、暫停批判，並觀察和

挑戰學員的受限信念。

檢查進度(Checking in on Progress) 教練要求學員把注意力持續放在個人的議程和教練計畫上，並認同他們學習而得的覺察/洞見，以及他們目前的成就。教練正面挑戰他們尚未做過的事，並對調整的方法和行動保持開放態度。教練培養學員能對自我提出意見回饋。另參考當責(Accountability)、教練意見回饋(Coaching Feedback)、規劃(Planning)

釐清(Clarifying) 教練簡明扼要地表達說過/聽到的內容精粹/重點，並補充說明自己直覺上透過觀察學員的情緒或話語，以及臉部或肢體語言中存在的矛盾之處，來為學員提供洞見，並釐清真相。釐清是一個檢查站，確保教練已仔細傾聽和了解學員訊息的含意，例如：「它看似什麼？對你來說它代表什麼意義？」直覺強烈的教練經常會從學員那裡得到「就是這樣！」的回應。另參考釋義(Paraphrasing)、反映/鏡像(Reflecting/Mirroring)、總結(Summarizing)

清除(Clearing) 參考發洩(Venting)

封閉式問題(Closed Questions) 任何可用簡單的「是」或「否」回答的問題。另參考開放式問題(Open Questions)、強效的提問(Powerful Questioning)

教練實務、教練方法、教練(Coaching) 支持人們提升自我和

增進績效，釐清其目標和願景，實現其目標並發揮其潛力。透過諮詢、有目的的探索和自我實現，其覺察力和責任感都會提升。教練實務著重於現在和未來，是教練和學員之間的一種全面的夥伴關係，並把學員視為完整的個體（沒有損壞也不需要修復）、機智、並有能力找到自己的答案。另參考進階教練實務（Advanced Coaching）、教練思維（Coaching Mindset）

教練就是要釋放人們的潛力，促進學員發揮最高績效，而且是協助他們學習，而不是去教導他們。

ICF 對教練的定義是：「在發人深省和創造流程中與客戶合作，激發他們發揮最高的個人及專業潛力。」

教練意見回饋(Coaching Feedback)　教練讓學員進行自我意見回饋（self-feedback），專注於其目標，而不是障礙。如此一來，就能把干擾丟到一旁，進而帶來新學習和見解，並發揮潛力。無論是自我意見回饋，或是來自於教練的觀察，有效的意見回饋能讓學員認清自己的主要優勢和主要領域，以利於學習和成長。

教練思維(Coaching Mindset)　教練相信學員有能力、機智和充滿潛力，深信一個人的潛在能力將會建立其自我信念和自我動力，帶動其茁壯成長。藉由這種思維，教練可以訓練學員作出有力的選擇，並從自己的表現和成功中找到樂趣。

教練的存在(Coaching Presence)　為了與學員建立自發的密

切關係，教練需要具備充分的意識和彈性。要做到這一點，必須對不知道的事抱持開放態度、願意冒險，並探索新的可能性。教練必須有信心能轉移學員的觀點，並投入滿腔熱情（而不是被強烈情緒攪住）、運用直覺，並用幽默感塑造輕鬆和充滿能量的氣氛。能和學員全情投入，是教練的主要能力。另參考此刻共舞(Dancing in the Moment)

道德守則(Code of Ethics)　參考道德準則(Ethical Guidelines)

諮詢(Consulting)　提出建議與指導綱領。

簽訂合約(Contracting)　參考協議(Agreement)

諮詢(Counseling)　以個人問題為主的支援。

此刻共舞(Dancing in the Moment)　教練全情投入，並跟隨學員的方向和動向，隨時注意教練和學員身上的能量變化，並產生覺察。

聲明(Declaration)　教練為學員創造出一個空間或環境，讓他承諾投入有效的行動，從而實現理想的未來。這不只是說：「是的，我會做到……。」而是例如這樣：「從這刻開始，我宣布我將會採取全新的領導風格，它與我對自我成長的願景不謀而合。」另參考見證(Witness)

深化學習(Deepening the Learning)　教練幫助學員從先前的

行動或目前的觀點汲取經驗教訓，並設定全新的行動階段。教練與學員在一起時，可以邀請學員「立即採取行動」，並對行動的成功或學習到的經驗給予支持和即時慶祝。

設計行動(Designing Actions)　教練幫助學員探索與學員的議程相關的其他想法和解決方案，並確定實現目標所需的落實行動。另參考當責(Accountability)、腦力激盪(Brainstorming)、慶祝(Celebrating)、檢討行動(Reviewing Actions)

直接溝通(Direct Communication)　使用符合學員學習風格的適當和莊重的語言，有效地與學員分享或接受學員邀請，一起分享新觀點、想法、直覺和意見回饋，當中以不帶情感連結的方式，支持學員的自我覺察和議程。直接溝通只有在不引起學員反感或抵制時才能起作用。另參考類比(Analogy)、隱喻(Metaphor)、重構(Reframing)

干預(Disruption)　教練設法介入，讓學員能拋棄其希望拋棄的模式。這可能是干預特定的活動（對員工大吼大叫），或一種思考方式（「我要做到最好」）。

有效的提問(Effective Questioning)　參考強效的提問(Powerful Questioning)

體現(Embody)　利用身體來強化承諾或加深理解和體驗，例如：想要成為一個具威力的簡報者，就要從姿態開始就像個具

威力的簡報者，而不是只在那邊說話而已。

情緒智商(Emotional Intelligence，EQ)　教練實務就是EQ的實際展現。EQ是丹尼爾‧高曼（Daniel Goleman）在其同名書中所建立的術語，我們可把它形容為情感、社交和個人能力的範疇，進而影響我們對生活需求和壓力的應對。它可以細分為許多領域和能力，而每一種能力都會影響我們處理任務、活動和互動的方法。教練談的就是培養和運用我們的EQ。所有改變都是從內在開始；培養和運用EQ可以改變我們的自我覺察。這可以讓我們更妥善地管理自己、了解別人，從而產生更正面的影響和增進責任感。

投入傾聽(Engaged Listening)　參考積極傾聽(Active Listening)

道德準則(Ethical Guidelines)　教練對學員負有道德責任，他必須理解、溝通和遵守一整套道德準則，例如：ICF道德規範和專業標準。另參考行為標準(Standards of Conduct)

評估(Evaluation)　對於教練的成果，以附加價值——包括質化（行為改變）和量化（財務影響）——來進行評估或評量。

意見回饋(Feedback)　參考教練意見回饋(Coaching Feedback)

焦點(Focus)　參考把持焦點(Hold the Focus)

目標設定(Goal Setting)　教練和學員就期望的教練成果達成協議，例如：「我希望制訂有效計畫，讓我每天提前半小時開始工作。」此舉促使教練能在有限的時間裡有效引導雙方對話，盡可能為學員提供最好的服務。另參考第10章「G：目標設定」

小鬼(Gremlin)　阻礙我們前進的意念的化身。在教練的眼裡，這種意念的發展是要讓我們覺得安全，而一旦我們意識到它，就可以決定它如何影響我們的生活。里克・卡森（Rick Carson）的《馴服你的小鬼》（*Taming Your Gremlin*）一書非常適合用來清除小鬼。

直覺(Gut Feeling)　參考直覺(Intuition)

把持焦點(Hold the Focus)　教練持續將學員的心力引導至其渴望達成的結果。另參考議程(Agenda)

把持空間(Hold the Space)　有經驗的教練會尊重學員的動態空間，允許他們有充分的自由，來表達情感、懷疑、恐懼和受限的信念，過程中不帶批判或反應過度。

內心遊戲(Inner Game)　1970年代，網球教練提摩西・高威（Timothy Gallwey）發展出許多有助於教練實務發展的概念，其中包括：覺察內心障礙的重要性（通常都是自己產生出來的想法、感受和身體反應）。高威了解，提升覺察力，就能讓那

些會使得績效表現受限的干擾減少。他說：「我們的績效等於我們的潛力減去干擾」，即績效＝潛力－干擾（P＝p－i）。

直覺(Intuition)　直接進入和信任個人的內心知識或「直覺」，敢於去傳達你意會到的事情。另參考不帶情感連結（Non-Attachment）

傾聽潛力(Listen for Potential)　教練專注於學員的能力，並相信學員有能力、機智、充滿潛力，而不是將學員視為問題或有問題。

用心傾聽(Listen with Heart)　教練傾聽非語言訊息，例如：語調、措詞、面部表情和肢體語言。當我們專注傾聽對方的感覺和意思（意圖），我們的肢體語言和臉部表情會顯示出來，進而鼓勵發言者向我們敞開心扉、傾吐心事。

傾聽(Listening)　參考積極傾聽（Active Listening）

體諒學員的處境(Meet the Coachee Where They Are)　教練要設想學員的狀況並尊重其處境。不要試圖影響他們的去向。教練要配合學員用字遣詞的方式。

導師指導(Mentoring)　分享專業知識和一些指導綱領。

隱喻(Metaphor)　引進象徵主義和意象──並非其字面意義而是比喻──來協助學員從另一種脈絡（他們知道的事物）去

探索情感和聯想。學員原本想用言詞表達的東西（但他們不知道或不理解），可利用隱喻去建構出一個圖像或感覺。當教練使用隱喻時，不僅是要求學員想像一種事物如同另一種事物，實際上是要引領學員再踏出一步，邀請他們構想或感覺這一種事物就是另一種事物（X＝Y，例如：「當我提呈簡報時，我將成為舞台上的鑽石——我的訊息會如水晶般清澈透明。」）另參考類比（Analogy）、釐清（Clarifying）

思維(Mindset)　參考教練思維(Coaching Mindset)

鏡像(Mirroring)　參考反映(Reflecting)

帶領學員進步(Moving the Coachee Forward)　教練可以透過多種方法協助學員向前邁進，其中包括：直搗重點、重新聚焦於目標、幫助學員建立行動，和對學員提出要求。另參考腦力激盪（Brainstorming）、挑戰（Challenging）、目標設定（Goal Setting）、觀點（Perspectives）、發洩（Venting）

神經語言程式學(Neuro-Linguistic Programming，NLP)　是一種人際溝通模型，主要著重於成功的行為模式與其背後的主觀體驗（特別是思考模式）之間的關係。它是 1970 年代由李察・班德勒（Richard Bandler）和約翰・葛瑞德（John Grinder）共同創立。

不帶情感連結(Non-Attachment)　教練依照學員的議程，不

試圖影響或對結果有意見。另參考夥伴關係(Partnering)

開放式問題(Open Questions)　廣泛的、開放式的問題，例如：「你真正想要的是什麼？」、「你有什麼其他選擇？」，以喚起學員對目標的清楚了解和洞見。另參考封閉式問題(Closed Questions)、強效的提問(Powerful Questioning)

釋義(Paraphrasing)　教練重複學員所說的內容，但使用稍微不同的字眼，這些字眼不會改變內容的本質或意義，進而向學員表示他們正在傾聽學員所說的話（內容）、驗證他們所說的、幫助他們複述、或必要時能修正所說的話。另參考釐清(Clarifying)、反映/鏡像(Reflecting/Mirroring)、總結(Summarizing)

夥伴關係(Partnering)　教練確保與學員之間的關係是平等的。教練是站在學員旁邊，而不是走在前面或站在反對的位置。另參考議程(Agenda)、此刻共舞(Dancing in the Moment)、不帶情感連結(Non-Attachment)

許可(Permission)　詢問學員是否樂於在敏感、親密或新的領域進行教練，或者在提出嚴酷的事實或說出直覺之前先徵求許可，教練創造出一個安全的環境，有助於建立學員信任，並確保在教練過程中仍保持夥伴關係。

觀點(Perspectives)　教練傳達其他觀點，這些觀點能拓展學

員對事情的看法，使他們能審視自己的觀點並啟發他們把承諾轉向更有可能性和更具資源的地方。另參考身體智慧（Body Wisdom）、重構（Reframing）

規劃（Planning）　教練制定有效的教練計畫，它將學員的事全部整合起來，針對他們的議程、顧慮點以及學習和發展的主要領域，同時具有可評量、可實現、具挑戰性和具時間範圍的目標，並有可能把學員推向他們想要的結果。另參考目標設定（Goal Setting）

強效的提問（Powerful Questioning）　教練首先提出廣泛和具包容性的問題，以促使人們關注、思考和觀察，然後提出更嚴格的問題，以提升焦點、清晰度、詳細度和精確度，並喚起發現、洞見、新學習、承諾或行動去爭取理想結果。強效的提問反映出教練的好奇心和積極傾聽、遵循學員的議程而不帶情感連結、挑戰他們的假設、創造意見回饋的循環，不帶批判、責備或批評。

存在（Presence）　參考教練的存在（Coaching Presence）

專業標準（Professional Standards）　教練必須始終以專業的方式行事，並理解和建立適當的專業標準，例如：ICF 道德規範和專業標準。另參考道德準則（Ethical Guidelines）

心理治療（Psychotherapy）　心理治療方面的支援，可用來探

索障礙和過去的影響，特別是過去的情緒。教練應該清楚告訴學員有關教練實務和心理治療之間的差別，並能按需要將學員轉介給專業的心理治療師。

目的(Purpose)　一個人行事的最終目的或原因，與他們「如何做」或「做什麼」同樣重要，它是真正創造改變的統一和整合要素。

提問(Questioning)　參考強效的提問(Powerful Questioning)

反映/鏡像(Reflecting/Mirroring)　教練用學員對於關鍵概念的確切措詞，表達其所聽到的學員話語的摘要。這種「鏡像」方法讓教練能檢查自己理解的程度，同時也讓學員有機會聽到他們自己說出的話，必要時，學員可以修正所說的內容，以便正確表達他們的意思。另參考釐清(Clarifying)、釋義(Paraphrasing)、總結(Summarizing)

重構(Reframing)　教練幫助學員從新的角度理解事物。例如：「所以說，你可以覺得自己是目前狀況的受害者，或用另外一個角度看待它，也可能是……」另參考釐清(Clarifying)

複述(Reiterating)　參考反映/鏡像(Reflecting/Mirroring)

要求(Request)　教練邀請學員對某些事採取特定的行動，例如：「希望你在Y日之前完成X任務」，並允許學員說：「好，我會」、「不，我不會」，或對於行動的條件提出修改。彼此通

常會在雙方的協議中制訂回應要求的方式。另參考帶領學員進步（Moving the Coachee Forward）

責任（Responsibility）　個人選擇做主和承諾採取行動。不能強加責任於學員身上，而是必須發自他們的內心。教練實務就是要培養覺察力和責任感，進而培育人員和增進績效。責任感增加將會提升潛力、信心和自我動力，它是實現獨特性、自我信念和做主的基礎。另參考情緒智商（Emotional Intelligence）

檢討行動（Reviewing Actions）　教練協助學員增強學習和覺察力、辨識可能的障礙並提供進一步的支援和挑戰，以達成目標。當檢討行動及結果時，行動學習（action learning）就會發生。若結果不符教練和學員的期望，教練可能會要求學員確認他們所說的和所做的是否已脫節。這不是責備或批評，而是協助學員準確看清目前的現實。另參考當責（Accountability）、慶祝（Celebrating）、深化學習（Deepening the Learning）、設計行動（Designing Actions）

行為標準（Standards of Conduct）　參考專業標準（Professional Standards）

建構／策略性白日夢（Structured/Strategic Daydreaming）　教練挑戰學員，要求他們創造出一個偉大的未來願景，進而激勵他們追求自我成就。另參考目標設定（Goal Setting）

總結(Summarizing)　教練扼要地複述學員所說的話，不改其本質或意義，以表示正在傾聽他們說話（內容），並檢查自己是否已經理解。此舉能協助學員複述，或可能修改和驗證他們的話語，而且若學員說太多話，或不斷重複，教練也能適時打斷。另參考釐清(Clarifying)、釋義(Paraphrasing)、反映/鏡像(Reflecting/Mirroring)

系統教練(Systems Coaching)　教練為學員辨識、考量並連結目前運作的系統中的所有元素，可能包括：人員動態、工作流程、階層體制、涉及的事業單位、因果因素，以及系統的整體模式。系統教練對於正在糾結於系統中失控元素的學員特別有效。另參考全系統方法(Whole System Approach)

治療(Therapy)　參考心理治療(Psychotherapy)

信任(Trust)　教練實務需要教練和學員之間的互信關係，那是基於親密感、彼此尊重、教練對學員的福祉與未來的真心關注。教練和學員之間的信任關係是建立在安全、可提供支援的環境，以及明確的協議、個人誠信、誠實和誠意上。另參考真誠(Authenticity)、擁護(Championing)、許可(Permission)

價值觀(Values)　你最珍視和願意捍衛的指導原則。辨識和了解學員的核心價值觀，是教練實務的基礎。教練可協助學員透過宣示個人價值觀，並每天努力達成價值觀，進而增加樂趣、績效和整體福祉。例如，問學員：「你如何在每天的工作中達

成誠信的價值？」

發洩(Venting)　教練以不帶批判和不帶情感連結的方式，允許學員宣洩情緒，進而繼續邁向下一步。教練不使用任何這類事情或素材，來展開教練對話。學員發洩完情緒後，教練過程重新開始。

想像(Visioning)　教練透過此流程協助學員想像所期望的事情已經發生或完成。建立一個被學員描繪成「理想未來」的偉大願景，是學員前進的動力、邁向理想方向的第一步。

全系統方法(Whole-System Approach)　了解所接觸的人、流程、組織和社群之間的相互連結。積極投入心力，去發展系統的內在潛力。

見證(Witness)　教練對於學員的生活不批判，並客觀地進行見證，讓學員有空間發揮創意，與價值觀和夢想重新產生連結。

附錄 2
教練問題的工具箱

這個工具箱收集了績效顧問公司認為對教練很有幫助的問題，並按主題彙整為幾個問題組。你可以視需要參考使用。黃金法則是簡潔提問。有時候最強效的問題會讓學員沉思良久，這時不要急著跳到下一個問題，因為沉默是金。此處列出的大部分問題都能應用在團隊裡，只要用「我們」和「我們的」來取代「你」和「你的」即可。雖然教練實務不僅在於提問，但這是新手教練最需要掌握的重要技巧，原因是：透過這種技巧，你可以開始洞悉他人的智慧。而且任何事情都有它的特殊情境，只要意圖和情境、條件適合，任何問題都可以發揮作用。

隨著信心增加，你可以依直覺，讓強效的問題自然脫口而出。要有耐心，不要急著提出你準備好的下個問題，要相信你能憑著本能知道接下來要問什麼。

問題組 1：自我教練

當你是一個個人或一個團隊，面對一個特定的挑戰時，可使用這一系列的問題。找出你希望在工作中達成、改善、或是想要解決的事。寫下你對每個問題的答案，以適合你的方式詮釋它們。問題遵循「成長」（GROW）模式的順序：目標（Goals）、現實（Reality）、選擇（Options）、意願（Will）：

- 你想做些什麼？
- 回答這組問題後你想得到什麼（例如：第一步/策略/解決方法）？
- 你對於此問題的目標是什麼？
- 你打算何時達成？
- 達成目標對你有什麼好處？
- 誰會受惠以及以何種方式受惠？
- 達成目標會成就怎樣的局面？
- 你會看到/聽到/感受到什麼？
- 你到目前為止採取了什麼行動？
- 是什麼使你朝著目標前進？
- 你遇到什麼障礙？
- 你有哪些不同的選擇來實現目標？
- 你還能做什麼？
- 每種選擇主要有什麼優點和缺點？

- 你會如何選擇並據此採取行動？
- 你什麼時候開始每項行動？
- 其他人可以做些什麼來支持你，以及你何時會提出要求？
- 如果以1-10的程度評量，你對每一項行動會有多投入？
- 如果不是10，有什麼方法可以讓它變成10？
- 你將承諾做些什麼？（注意：也可以選擇不做任何事，日後進行檢討）

問題組2：有意識地達成工作協議

可以依照此順序與個人或團隊建立有意識的工作協議。每個人都要回答這些問題。如果它是一個大型團隊，請團隊成員回答每一題，直到整個團隊認為特定的問題已得到解答，再也無須作任何補充為止。

　　之後，你可以選擇最適合你的一些問題，建立屬於你自己的問題組。

- 我們共同合作的夢想/成功會是怎樣的？
- 惡夢/最壞狀況會是怎樣？
- 共同努力實現夢想的最佳方式是什麼？
- 我們需要注意什麼，才能避免惡夢？
- 你和我想以什麼樣的態度進行這次談話？
- 你和我希望得到怎樣的許可？

- 你和我有什麼假設？
- 當事情變得很艱難時，我們將怎樣做？
- 有什麼已發揮作用／未發揮作用？
- 我們需要改變什麼，才能使這種關係更有生產力／更正面？
- 我們要如何一起承擔責任，讓事情能夠進展？

問題組3：要求許可

這裡涵蓋了請求許可的各種提問方式。請依需要使用。

- 我可以補充你剛剛說的話嗎？
- 你想跟我一起腦力激盪嗎？
- 我可以使用教練方法嗎？
- 我可以問你……嗎？
- 如果我跟你說我剛剛聽到你說了些什麼，這會對你有幫助嗎？
- 我可以提出建議嗎？
- 我們希望這次談話可以許可發生怎樣的情況？

問題組4：十大強效問題

這個問題組涵蓋了我的十大問題，它們是一系列隨時可提出的簡單卻深刻的問題。

1. 如果我不在這裡，你會怎麼做？（我一直以來最喜歡的問題，藉此向心存疑慮的人證明教練不需要太花時間，但需要一個有力的問題！）

2. 如果你知道答案，答案會是什麼？（它並不像聽起來那麼愚蠢，因為它可以讓學員的視野超越障礙。）如果你知道的話呢？（以回應這樣的回答：「我不知道。」）

3. 如果沒有限制，情況會是如何呢？

4. 你的朋友在你這種情況下，你會給他什麼建議？

5. 想像與你認識的人，或你能想到最有智慧的人對話。他們會建議你做什麼？

6. 還有什麼？（這用在大部分答案的尾聲，會喚起更多回應。接著是一片沉默，留些思考空間給學員，也同樣能引來更多回應。）

7. 接下來你想探索什麼？

8. 我不知道接下來要往哪裡走。你想往哪裡走？

9. 真正的問題是什麼？（有時候可用來幫助學員跳脫其狀況，直搗重點。）

10. 在1-10的程度評量中，你做這件事的投入程度是多少？你可以做些什麼來達到10分呢？

問題組5：成長模式（GROW）

這裡包括一系列GROW模式中每個階段的問題。請依需要使用。

目標

談話目標

- 你想在這次談話中達成什麼成果？
- 這次談話的目的是什麼？
- 聽起來你有兩個目標。你想先談哪一個？
- 有什麼方法能讓你好好運用這段時間？
- 談話結束時，你領悟到對你最有幫助的會是什麼？
- 我們有半小時談話時間，你希望在這段時間內進展到什麼地步？
- 如果你有一根魔杖，結束談話時你希望自己達成什麼成果？

問題目標

- 你的夢想是什麼？
- 你希望它是怎麼樣的？
- 它看起來像什麼？
- 你將對自己說些什麼？
- 它會讓你想要去做什麼？
- 別人會對你說什麼？
- 你會擁有什麼你目前沒有的事物？
- 想像從現在起三個月以後，你已排除了所有障礙，並已達成目標：
  - 你看到／聽到／感覺到什麼？
  - 它看起來像什麼？

-人們對你說什麼？

-那感覺如何？

-注入了哪些新元素？

-有什麼不同嗎？

- 如果要你設定一個具啟發性的目標，那會是什麼？

- 你想得到什麼成果？

- 它會對你個人帶來什麼？

- 你需要培養怎樣的技能，才能達成這個目標？

- 你需要多久時間達成目標？

- 你可以確認哪些里程碑？要多久來達成每個里程碑？

- 你如何將這個目標細分成更小的部分？

- 實現這個目標對你有什麼意義？

- 這個流程對你有多重要？

- 你還想得到什麼？

- 這對你帶來怎樣的重大成果？

- 結果成功的話，會帶來怎樣的局面？

- 成功完成任務會帶來怎樣的局面？

- 你正朝哪個目標努力？

- 你何時需要達成這項成果？

現實

- 目前正在發生什麼事？

- 這對你有多重要？

- 在1-10的程度評量中，如果理想情況是10，你現在處於哪種狀況？
- 你想要達到怎樣的狀況？
- 你對這樣的狀況有什麼感覺？
- 這對你有什麼影響？
- 你有什麼重擔？
- 這對你生活的其他方面有何影響？
- 你正在做些什麼，以便朝著目標邁進？
- 你有做些什麼會妨礙你朝目標邁進的事嗎？
- 多少……？
- 它還影響到誰？
- 目前情況如何？
- 現在到底發生了什麼事？
- 你在這處境裡的主要考量是什麼？
- 還有誰涉及其中／受影響？
- 你個人可以如何掌控結果？
- 你到目前為止採取了什麼行動？
- 是什麼阻止你做更多的事？
- 你採取行動有什麼內在阻力嗎？
- 你已擁有哪些資源（技能、時間、熱情、支援、資金等）？
- 還需要哪些資源？
- 真正的問題是什麼？
- 主要風險是什麼？

- 你到目前為止有什麼計畫？
- 你認為自己能做些什麼？
- 你最有／最沒有信心的是什麼？

選擇

- 你能做什麼？
- 你有什麼想法？
- 你有什麼其他選擇？
- 還有別的選擇嗎？
- 如果還有別的選擇，會是什麼？
- 過去有什麼是可行的？
- 你可以採取什麼步驟？
- 誰可以幫助你？
- 你在哪裡可以找到這些資料？
- 你如何能做到這一點？
- 你可以透過哪些不同方法，解決這個問題？
- 你還能做什麼？
- 如果你有更多的時間／控制權／金錢，你會怎麼做？
- 如果你能重頭開始作業，你會怎麼做？
- 你知道誰對此擅長？他們會做什麼？
- 哪些選項會產生最佳結果？
- 哪一種解決方案最適合你？
- 你能做些什麼來避免／降低此風險？

- 你可以如何改善這種情況？
- 那麼現在你想怎麼做？
- 你覺得怎麼樣？
- 還有什麼是可行的事？
- 你有什麼想法是可能可行的？
- 有什麼可以幫助你記住？
- 永久解決方法是什麼？
- 你能做些什麼，避免再次發生這種情況？
- 你有什麼選擇？
- 我在這方面有一些經驗，如果我提出建議，會對你有幫助嗎？

意願

第1階段　建立當責：定義行動、時間架構和成就的評量方法

- 你會怎麼做？
- 你將如何做到這一點？
- 你什麼時候會做？
- 你會跟誰談？
- 你會去哪裡？
- 在這之前你需要做好怎樣的安排？
- 你能承諾到什麼程度，會採取這項行動？
- 要怎樣才能讓你承諾採取行動？
- 你要選擇哪一個方案？

- 這個行動有多大程度符合你的目標？
- 你將如何評量成功？
- 你採取的第一步是什麼？
- 你準備什麼時候開始？
- 是什麼阻止你早點開始？
- 有可能會發生什麼事，以致阻礙你採取行動？
- 有什麼個人阻力（若有），阻礙你採取這項行動？
- 你會做什麼來減少這些阻力？
- 還有誰需要知道你的計畫？
- 你需要怎樣的支援？從誰而來？
- 你會怎樣做來取得支援？
- 我能做什麼來支援你嗎？
- 你能做些什麼來支援自己？
- 你對採取行動的堅定程度是（例如，以1-10為程度評量）？
- 誰將採取這項行動？
- 你的下一步是什麼？
- 你什麼時候邁出第一步？
- 何時會完成行動？
- 你對此行動作出怎樣的承諾？
- 有可能發生什麼事，以致阻礙你採取行動？
- 你還可以找誰來幫助你？
- 你還需要什麼？
- 你將採取怎樣的具體行動？

- 你怎麼知道它有效？
- 我將如何知道它有效（當責）？
- 有什麼最佳選擇？
- 你會作出哪些改變？
- 你會怎麼做，以確保能展開行動？

第2階段　後續追蹤和意見回饋：檢討事情的進展情況並探索學習的意見回饋

參閱問題組6的檢核進度的提問，以及問題組7，探索學習及意見回饋的問題。

問題組6：後續追蹤

以下的檢核進度的問題可以在教練流程的**意願**階段提出，也就是已設定了目標但尚未達成目標之前。

- 你在這個專案/目標的進度如何？
- 自從我們上次談完之後，到目前為止發生了什麼事？
- 進展如何？
- 你對目前的狀況感覺如何？
- 你對進度有什麼看法？
- 你達成了什麼成果？

學員可能發生以下三種狀況。以下問題已對應分組，可依需要

瀏覽。

學員成功

- 哪些事發揮作用，為什麼？
- 你最滿意的是什麼？
- 你最自豪的是什麼？
- 你有哪些成功的地方？
- 是什麼促成了這次的成功？
- 是什麼因素帶動你做到這一點？
- 你的哪些技能、素質或優勢造就了這次的成功？
- 哪些行為最有效？
- 恭喜！花點時間慶祝一下。
- 你想為自己慶祝什麼？
- 你學到了什麼？
- 你克服了哪些挑戰，是怎麼做到的？
- 你找到了什麼新優勢？
- 你提升了什麼能力？
- 你的下一步是什麼？

學員沒有成功

- 發生了什麼事（請扼要敘述）？
- 你從中學到了什麼？
- 什麼部分進行得不順利，為什麼？

- 你遇到什麼挑戰？
- 你如何面對挑戰？
- 你找到什麼新優勢？
- 你找到哪些發展領域？
- 你想為自己慶祝什麼？
- 你下次想做什麼？
- 你接下來想要怎麼做？
- 你希望能彌補技能、知識和經驗上的哪些缺失？
- 你下一次想改變哪些行為？
- 你希望致力於哪些發展領域？
- 最大的阻礙是什麼？
- 克服這個障礙的最有效方法是什麼？

學員沒有去做

- 發生了什麼事？
- 是什麼阻礙了你？
- 這件事對你有什麼意義？
- 從這件事，你對自己有更進一步的了解嗎？
- 你接著會怎麼做？

以上所有問題都跟促進學習有關。參閱問題組7，掌握更多深化學習的提問。

問題組 7：「GROW」意見回饋架構

可依需要使用以下問題。請記住，意見回饋的黃金法則是：架構中的每個步驟都是學員先分享，然後教練再提出看法。

目標：設定意向

學員分享—向學員提問，這樣可以讓他們集中注意力和提升能量

- 你／我們想從中得到什麼？
- 什麼對你有幫助？

教練分享—補充說明你的目標

- 我希望……

現實：肯定

學員分享—向學員提問，強調正面的激勵效果

- 目前哪些部分進展良好？
- 你喜歡自己做的哪些地方／你是怎麼做的？
- 有什麼事已發揮作用？
- 哪些行為最有效？
- 你最自豪的是什麼？
- 你運用了哪些特定優勢？
- 哪些行為最有效？

- 你認為什麼因素對你的成功貢獻最大？

教練分享—補充說明你認為進展良好的地方

- 我喜歡……
- 我發現當你……的時候，事情進展良好
- 我覺得你一直透過……超越約定的目標和期望
- 我認同你所付出的努力……雖然目標未能完全達成……
- 我看到的優點包括……

選項：增進

學員分享—向你的學員提問，提高增進績效的責任感

- 如果你能再做一次，你會有什麼不同的做法？
- 你希望將來多利用哪些優勢？
- 下次你會改變什麼行為？
- 是什麼阻礙了你達成/超越……？
- 你下次會如何克服它？
- 未來有什麼要素能促使你達成更高的頻率/一致性/品質？
- 在過去一年，更多的技能和經驗對哪些特定環節有所幫助？
- 你缺乏哪些有助你把握未來機會的重要技能和經驗？
- 萬一你偏離軌道，會發生怎樣的狀況？你能做些什麼來改善這種狀況？

教練分享—補充說明你認為學員要更上一層樓，他/她需要做的事

- 我可以提出建議嗎？

- 我覺得你可以透過……達成這個目標

- 我覺得你可以透過……拓展自己的技能

- 如果換一種做法，像是……？

- 進一步發揮優勢的方法是……

- 發展這個領域很重要，因為……

意願：學習

學員分享—向你的學員提出加強學習的問題，並協商好接下來的步驟

- 你學到了什麼？

- 你學到了什麼可以在向前邁進時應用的技能？

- 你對自己了解到什麼？

- 你對別人了解到什麼？

- 針對這個目標/專案，你發現了哪些過去不知道的事？

- 我們還能學到什麼？

- 下次你/我們能採取怎樣不同的做法？

- 你會把這次的學習應用在什麼地方？

教練分享—補充說明你正在學習的事，以及你將採取的不同做法

- 我正在學習……

- 我將會這樣做……

附錄3
「九點練習」的幾個解答

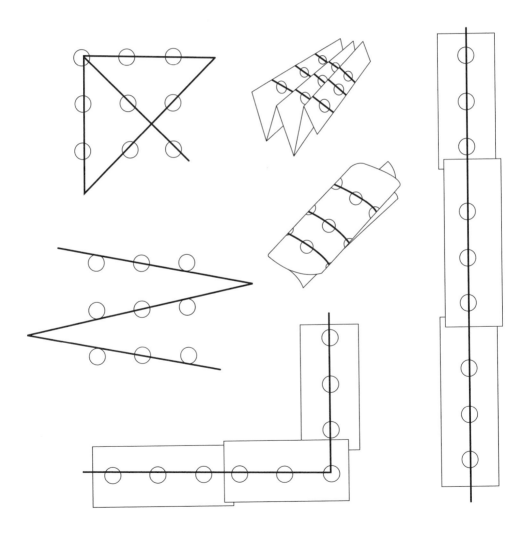

參考書目

我堅信在當今的時代，教練所扮演的角色不僅是一個空的容器、一面鏡子、或對於客戶的要求唯命是從。他們應掌握所有資訊及全球事務和趨勢，特別是環境和經濟狀況的惡化、令人沮喪的社會公義局面、心理治療和靈性的追求。這是一個偉大的命題，因此我在參考書目中額外增加了幾本涵蓋這些廣泛領域的書。我刻意避免加入討論教練實務的任何新書，因為市面上充斥著這類老生常談。在此特別強調，要開拓教練和領袖的視野，讓他們跳脫傳統教練實務的束縛。

Barrett, Richard (1998) *Liberating the Corporate Soul*, Butterworth-Heinemann.

Barrett, Richard (2006) *Building a Values-Driven Organization*, Elsevier.

Barrett, Richard (2014) *Evolutionary Coaching*, Lulu.

Bennis, Warren (1989) *On Becoming a Leader*, Addison-Wesley. 中譯

本《領導，不需要頭銜》大是文化出版

Bridges, William (2004) *Transitions*, Da Capo Press. 中譯本《轉變之書》早安財經出版

Browne, John (2016) *Connect,* WH Allen.

Canadian Union of Public Employees (CUPE) (2003) *Enough Workplace Stress*, Canadian Union of Public Employees.

Canfield, Jack (2005) *The Success Principles*, Element.

Carson, Rick (2007) *Taming Your Gremlin*, William Morrow.

Chang, Richard (2001) *The Passion Plan*, Jossey-Bass.

Childre, Doc, Howard Martin, & Donna Beech (2000) *The Heartmath Solution*, HarperCollins.

Collins, Jim (2001) *Good to Great*, Random House Business. 中譯本《從A到A＋》遠流出版

Colvin, Geoff (2008) *Talent Is Overrated*, Nicholas Brealey. 中譯本《我比別人更認真》天下文化出版

Conference Board (2016) *The Conference Board CEO Challenge*® *2016*, Conference Board.

Correa, Cristiane (2014) *Dream Big*, Kindle edition, Primeira Pessoa. 中譯本《追夢企業家》商業周刊出版

Covey, Stephen (1989) *The Seven Habits of Highly Effective People*, Simon & Schuster. 中譯本《與成功有約》天下文化出版

Day, Laura (1997) *Practical Intuition*, Broadway Books.

Dispenza, Joseph (2009) *Evolve Your Brain*, Health Communications.

DuPont (2015) "The DuPont Bradley Curve infographic," www. dupont.com/products-and-services/consulting-services-processtechnologies/articles/bradley-curve-infographic.html.

DuPont Sustainable Solutions (2015) "The DuPont Bradley Curve | DuPont Sustainable Solutions," https://www.youtube.com/watch?v=tMoVi7vxkb0.

Einzig, Hetty (2017) *The Future of Coaching*, Routledge.

Emerald, David (2016) *The Power of TED (The Empowerment Dynamic)* , Polaris.

European Foundation for the Improvement of Living and Working Conditions (Eurofound) and the European Agency for Safety and Health at Work (EU-OSHA) (2014) *Psychosocial Risks in Europe*, Publications Office of the European Union.

Ewenstein, Boris, Bryan Hancock, & Asmus Komm (2016) "Ahead of the curve: The future of performance management," *McKinsey Quarterly*, May.

Ford, Debbie (2004) *The Right Questions*, HarperOne.

Foster, Patrick & Stuart Hoult (2013) "The safety journey: Using a safety maturity model for safety planning and assurance in the UK coal mining industry," *Minerals*, 3: 59–72.

Gallwey, Timothy (1986) *The Inner Game of Golf*, Pan.

Gallwey, Timothy (1986) *The Inner Game of Tennis*, Pan. 中譯本《比賽，從心開始》經濟新潮社出版

Gallwey, Timothy (2000) *The Inner Game of Work*, Texere.

Gladwell, Malcolm (2000) *The Tipping Point*, Little, Brown. 中譯本《引爆趨勢》時報出版

Gladwell, Malcolm (2008) *Outliers*, Little, Brown. 中譯本《異數》

時報出版

Goleman, Daniel (1996) *Emotional Intelligence*, Bloomsbury. 中譯本《EQ》時報出版

Goleman, Daniel (1999) *Working with Emotional Intelligence*, Bloomsbury. 中譯本《EQ2：工作EQ》時報出版

Goleman, Daniel (2006) *Social Intelligence*, Random House. 中譯本《SQ》時報出版

Goleman, Daniel, Richard Boyatzis, & Annie McKee (2002) *Primal Leadership: Learning to Lead with Emotional Intelligence*, Harvard Business School Press. 中譯本《打造新領導人》聯經出版

Goleman, Daniel, Richard Boyatzis, & Annie McKee (2002) *The New Leaders*, Little, Brown.

Hackman, Richard, Ruth Wageman, & Colin Fisher (2009) "Leading teams when the time is right," *Organizational Dynamics*, 38 (3)：192–203.

Harris, Alma (2003) "Teacher leadership, heresy, fantasy or possibility?" *School Leadership and Management*, 23 (3)：313–324.

Hartmann, Thom (1998) *The Last Hours of Ancient Sunlight*, Three Rivers Press. 中譯本《古老陽光的末日：搶救地球資源》正中書局出版

Harvard Business School (2009) "Jorge Paulo Lemann, A.B. 1961; Carlos A. Sicupira, OPM 9, 1984; Marcel H. Telles, OPM 10, 1985," *Alumni Stories*, https://www.alumni.hbs.edu/stories/Pages/

story-bulletin.aspx?num=1990.

Hawken, Paul (2007) *Blessed Unrest*, Viking. 中譯本《看不見的力量》野人出版

Hawken, Paul, Amory B. Lovins, & Hunter Lovins (2000) *Natural Capitalism*, Earthscan. 中譯本《綠色資本主義》天下雜誌出版

Hay Group (2010) "Growing leaders grows profits," *Developing Leadership Capability Drives Business Performance*, November.

Heifetz, Ronald, & Marty Linsky (2002) *Leadership on the Line*, Harvard Business School Press. 中譯本《火線領導》天下雜誌出版

Hemery, David (1991) *Sporting Excellence*, Collins Willow.

Hill, Andrew (2017) "Power to the workers: Michelin's great experiment," *The Financial Times*, 11 May.

Homem de Mello, Francisco S. (2015) *The 3G Way*, 10x Books.

Hopkins, Andrew (2008) *Failure to Learn*, CCH.

International Coach Federation and Human Capital Institute (2014) *Building a Coaching Culture*, Human Capital Institute.

James, Oliver (2008) *The Selfish Capitalist*, Vermilion.

Kahneman, Daniel (2002) "Daniel Kahneman – Biographical," www.nobelprize.org/nobel_prizes/economic-sciences/laureates/2002/kahneman-bio.html.

Katzenbach, Jon, & Douglas Smith (1993) *The Wisdom of Teams*, Harvard Business Press.

Kegan, Robert, & Lisa Laskow Lahey (2009) *Immunity to Change*, Harvard Business School Publishing.

Kegan, Robert, Lisa Laskow Lahey, Matthew L. Miller, & Andy Fleming (2016) *An Everyone Culture*, Harvard Business Review Press.

Kimsey-House, Henry, Karen Kimsey-House, Phillip Sandahl, & Laura Whitworth (2011) *Co-Active Coaching*, Nicholas Brealey.

Kline, Nancy (1998) *Time to Think*, Octopus.

Knight, Sue (2002) *NLP at Work*, Nicholas Brealey.

Laloux, Frederic (2014) *Reinventing Organizations: A Guide to Creating Organizations Inspired by the Next Stage in Human Consciousness*, Nelson Parker.

Landsberg, Max (1997) *The Tao of Coaching*, HarperCollins.

Lee, Graham (2003) *Leadership Coaching*, Chartered Institute of Personnel & Development.

Maslow, Abraham (1943) "A Theory of Human Motivation," *Psychological Review*, 50, 370–396.

Maslow, Abraham (1954) *Motivation and Personality*, Harper.

Mehrabian, Albert (1971) *Silent Messages*, Wadsworth.

Mindell, Arnold (1998) *Dreambody*, Lao Tse Press.

Mitroff, Ian, & Elizabeth A. Denton (1999) *The Spiritual Audit of Corporate America*, Jossey-Bass.

Monbiot, George (2006) *Heat*, Penguin.

Moss, Richard (2007) *The Mandala of Being*, New World Library.

Neill, Michael (2009) *You Can Have What You Want*, Hay House.

Nicholas, Michael (2008) *Being the Effective Leader*, Michael Nicholas.

Peltier, Bruce (2009) *The Psychology of Executive Coaching*, Routledge.

Perkins, John (2007) *The Secret History of the American Empire*, Dutton. 中譯本《美利堅帝國陰謀：經濟殺手的告白2》時報出版

Pilger, John (1998) *Hidden Agendas*, Vintage.

Renton, Jane (2009) *Coaching and Mentoring*, The Economist.

Rock, David, & Linda Page (2009) *Coaching with the Brain in Mind*, John Wiley.

Roddick, Anita (2001) *Business as Unusual*, Thorsons. 中譯本《打造美體小舖》聯經出版

Rogers, Jenny (2016) *Coaching Skills*, Open University Press.

Russell, Peter (2007) *The Global Brain*, Floris Books.

Schutz, William, C. (1958) *FIRO: A Three-Dimensional Theory of Inter-Personal Behavior*, Rinehart.

Seligman, Martin (2006) *Learned Optimism*, Vintage Books. 中譯本《學習樂觀‧樂觀學習》遠流出版

Semler, Ricardo (2001) *Maverick*, Random House. 中譯本《夥計，接棒》智庫出版

Senge, Peter (2006) *The Fifth Discipline*, Random House Business Books. 中譯本《第五項修練》天下文化出版

Senge, Peter, C. Otto Scharmer, Joseph Jaworski, & Betty Sue Flowers (2004) *Presence*, Nicholas Brealey. 中譯本《修練的軌跡》天下文化出版

Sisodia, Raj, David Wolfe, & Jag Sheth (2014) *Firms of Endearment*,

Pearson Education.

Spackman, Kerry (2009) *The Winner's Bible*, HarperCollins.

Speth, James (2008) *The Bridge at the Edge of the World*, Yale University Press.

Tolle, Eckhart (2001) *The Power of Now*, Mobius. 中譯本《當下的力量》橡實文化出版

Tolle, Eckhart (2005) *A New Earth*, Penguin. 中譯本《一個新世界》方智出版

Whitmore, Diana (1999) *Psychosynthesis Counselling in Action*, Sage.

Zohar, Danah, & Ian Marshall (2001) SQ: Spiritual Intelligence, Bloomsbury. 中譯本《SQ－心靈智商》聯經出版

致謝詞

像是本書這種性質的書，都是作者從許多經驗以及其他人探索和學習而來的心血結晶。毫無疑問，身為「內在遊戲」（Inner Game）系列書籍的作者，提摩西・高威（Timothy Gallwey）絕對是最佳教練實務的代表人物，我名單中的頭號人物。本書的早期版本列出許多其他教練實務的貢獻者和擁護者，在此不再贅述。我會強調籌備本版書籍時兩項主要的影響。

首先是我們的客戶。國際績效顧問公司的至理名言是：「我們透過客戶而成長。」與客戶的合作夥伴關係是我們在行業保持領先地位的不二法門。我們探索他們的世界，並創造滿足他們需求的解決方案。此舉為本書的修訂提供了很多資訊。對所有懷抱願景並將我們帶進他們的組織，進而攜手達成目標的人，在此表達由衷的感謝。在我看來，他們就像毛毛蟲身上的「假想細胞」，帶動牠們蛻變為蝴蝶。畢竟教練談的是行為的轉變，而不是靈丹妙藥，願景和長期的合作關係才能讓組織轉型。在此我想提一些長期的合作夥伴。我們與美敦力

（Medtronic）的合作始於約翰·克林伍德（John Collingwood）和潘蜜拉·斯莉亞圖（Pamela Siliato）的願景，後來他們去追求美敦力以外的新事業機會。美敦力在雪莉兒·多格特（Cheryl Doggett）和凱倫·麥舍（Karen Mathre）的領導下，新成立了全球學習和領導力卓越專業中心（Global Learning and Leadership Excellence Center of Expertise），其使命是在確保卓越工作成果及教練理論的根基的同時，深耕和擴大整個組織的教練能力。林德公司（Linde）的詹姆斯·蒂梅（James Thieme）和凱·格蘭塞（Kai Gransee）的願景是：透過教練風格進行安全績效的轉型——進而啟發了績效曲線（The Performance Curve）的誕生。此外，路易·威登（Louis Vuitton）的莉娜·格倫霍姆斯（Lena Glenholmes）和迪索薩（Rodrigo Avelar de Souza）正在透過教練法則，改變全球客戶的零售體驗。

　　第二項影響力：與世界各地的客戶合作、才能超卓的國際績效顧問公司的人員。我的執行長大衛·布朗（David Brown）在幾個月前把我從輕鬆的職務趕下來，挑戰我的保守意見，並把我帶到充滿無限可能的商機和世界各國。蒂凡妮·嘉思凱（Tiffany Gaskell）帶領團隊貢獻專業知識，促進本書的更新。身為「績效曲線」和我們「績效教練投資報酬率」評估工具的創建者，蒂凡妮深信教練在組織中的影響力，並帶領我們的業務更上層樓。我們的學習長法蘭西斯·麥德莫（Frances MacDermott）擁有出版的背景，為本書所有一流素材注入嚴

謹而不凡的見解，實在令人讚嘆不已。凱特・沃森（Kate Watson）領導我們的全球團隊，專注於組織轉型——這是文化的軟體和硬體，是我們稱之為高EQ的變革管理。卡羅琳・道森（Carolyn Dawson）建立新的對話，為職場的教練實務提供非凡的洞見，是我撰寫書籍過程中難能可貴的資訊來源。麗貝卡・布拉德利（Rebecca Bradley）是國際教練聯盟（ICF）的高級認證教練和長期評核人員，為教練對話和詞彙表貢獻了專業知識。麗貝卡・瓊斯（Rebecca Jones）則將才華帶進了績效曲線的研究。森艾卡・蓋特（Sunčica Getter）和安瑪麗・貢薩爾維斯・迪賽（Anne-Marie Goncalves Desai）貢獻其團隊教練的專業知識，使得第16章如此實用，再由亞典娜・布勒泰斯庫（Adina Bratescu）精心編輯。我們的客戶萊斯銀行（Lloyds Bank）的喬恩・威廉斯（Jon Williams）現在與我們合作，專門從事安全績效教練和精實績效教練的工作，第17和第18章概述了教練對話。我和赫蒂・艾恩齊格（Hetty Einzig）一起工作的時間最長，她是當年最有才華的導師之一，並以專業編輯的角度和心理學背景嚴格審查我的手稿。團隊中最年輕的成員娜蒂亞・泰里比利尼（Nadia Terribilini）則補充其獨到的觀點。在流程中確保我們能交出成果的是塔姆辛・蘭格里什（Tamsin Langrishe），他主導整個計畫並適時提出內容方面的問題。

在此感謝我在教練行業遇到的成千上萬的人。你們信任我有能力在職場和生活中倡導教練的重要性。很榮幸能獲得你們

授予的獎項，包括ICF的總裁獎，和東倫敦大學的榮譽博士學位。

　　最後，我要特別感謝我的出版商。尼古拉斯‧布里利（Nicholas Brealey）出版社首先具有遠見，出版我的著作。莎莉‧奧斯邦（Sally Osborn）和我合作編訂之前的版本，並賣力潤飾本版書籍。何利‧本尼恩（Holly Bennion）、班‧史萊特（Ben Slight）、卡羅琳‧韋斯特摩爾（Caroline Westmore）以及尼古拉斯‧布里利出版社的團隊協助了這個第五版的誕生。我相信這個新版能充分反映自從我在1980年代初引進教練實務以來，教練在職場的演進流程，更為其未來的發展奠定重要的基礎。

關於作者

約翰·惠特默爵士（Sir John Whitmore）

約翰·惠特默爵士是職場教練的先驅，也是全球教練市場領導業者國際績效顧問公司（Performance Consultants International）的共同創辦人。他是 1980 年代初第一位將教練實務引進組織機構的人，也是世界上最常用的「成長」（GROW）教練模式的共同建立者。國際教練聯盟（ICF）頒發的總裁獎，就是為了表揚他的畢生努力。約翰爵士對全球教練和領導力的貢獻，協助推動了全球組織的轉型。透過他的書籍，特別是最知名的《高績效教練》（*Coaching for Performance*），以及研習會和演講，他確認了績效教練的原則，並推動教練實務的發展。《高績效教練》被廣泛公認為教練聖經，在四十年的時間裡激勵了數百萬的經理人、領導者和教練，進而發揮個人和他人的最佳表現。本書是約翰爵士在 2017 年過世之前完成，他的非凡傳奇將由他的工作夥伴繼續傳承。

國際績效顧問公司（Performance Consultants International）

國際績效顧問公司由約翰‧惠特默爵士共同創立，四十多年來一直站在最前線，透過人和領導力創造組織的高績效文化。他們的使命是轉化組織與員工之間的關係，所秉持的立場很簡單：組織擁有尚未開發的巨大的員工潛力。他們與全球組織合作，進行有效的領導力發展，以及教練實務和文化的轉型。

身為績效教練領域的市場領導者，績效顧問公司推動組織企業透過其領導者提高績效，從而為人類、利潤和地球環境創造報酬。他們能為客戶展現平均800%的投資報酬率，並以本書的書名「高績效教練」（Coaching for Performance）做為其旗艦發展計畫的命名。至今，《高績效教練》已被視為教練行業的黃金標準，並在40多個國家以20多種語言發行。

書　號	書　　　　名	作　　者	定價
QB1015X	六標準差設計：打造完美的產品與流程	舒伯·喬賀瑞	360
QB1021X	最後期限：專案管理101個成功法則	湯姆·狄馬克	360
QB1023	人月神話：軟體專案管理之道（20週年紀念版）	Frederick P. Brooks, Jr.	480
QB1024X	精實革命：消除浪費、創造獲利的有效方法（十週年紀念版）	詹姆斯·沃馬克、丹尼爾·瓊斯	550
QB1026	與熊共舞：軟體專案的風險管理	湯姆·狄馬克和提摩西·李斯特	380
QB1027X	顧問成功的祕密（10週年智慧紀念版）：有效建議、促成改變的工作智慧	傑拉爾德·溫伯格	400
QB1028	豐田智慧：充分發揮人的力量	若松義人、近藤哲夫	280
QB1034	人本教練模式	黃榮華、梁立邦	280
QB1035	專案管理，現在就做	寶拉·馬丁與凱倫·泰特	350
QB1036	A級人生：打破成規、激發潛能的12堂課	羅莎姆·史東·山德爾、班傑明·山德爾	280
QB1037	公關行銷聖經	博雅公關顧問公司等十一家知名公關公司執行長	299
QB1041	要理財，先理債	霍華德·德佛金	280
QB1042	溫伯格的軟體管理學：系統化思考（第1卷）	傑拉爾德·溫伯格	650
QB1044	邏輯思考的技術：寫作、簡報、解決問題的有效方法	照屋華子、岡田惠子	300
QB1044C	邏輯思考的技術：寫作、簡報、解決問題的有效方法（限量精裝珍藏版）	照屋華子、岡田惠子	350
QB1045	豐田成功學：從工作中培育一流人才！	若松義人	300
QB1046	你想要什麼？：56個教練智慧，把握目標迎向成功	黃俊華	220
QB1047X	精實服務：將精實原則延伸到消費端，全面消除浪費，創造獲利	詹姆斯·沃馬克、丹尼爾·瓊斯	380
QB1049	改變才有救！：培養成功態度的57個教練智慧	黃俊華	220
QB1050	教練，幫助你成功！：幫助別人也提升自己的55個教練智慧	黃俊華	220

書　號	書　　　名	作　　者	定價
QB1051X	從需求到設計：如何設計出客戶想要的產品（十週年紀念版）	唐納德·高斯、傑拉爾德·溫伯格	580
QB1052C	金字塔原理：思考、寫作、解決問題的邏輯方法	芭芭拉·明托	480
QB1053X	圖解豐田生產方式	豐田生產方式研究會	300
QB1055X	感動力	平野秀典	250
QB1058	溫伯格的軟體管理學：第一級評量（第2卷）	傑拉爾德·溫伯格	800
QB1059C	金字塔原理II：培養思考、寫作能力之自主訓練寶典	芭芭拉·明托	450
QB1061	定價思考術	拉斐·穆罕默德	320
QB1062C	發現問題的思考術	齋藤嘉則	450
QB1063	溫伯格的軟體管理學：關照全局的管理作為（第3卷）	傑拉爾德·溫伯格	650
QB1069	領導者，該想什麼？：成為一個真正解決問題的領導者	傑拉爾德·溫伯格	380
QB1070X	你想通了嗎？：解決問題之前，你該思考的6件事	唐納德·高斯、傑拉爾德·溫伯格	320
QB1071X	假說思考：培養邊做邊學的能力，讓你迅速解決問題	內田和成	360
QB1073C	策略思考的技術	齋藤嘉則	450
QB1074	敢說又能說：產生激勵、獲得認同、發揮影響的3i說話術	克里斯多佛·威特	280
QB1075X	學會圖解的第一本書：整理思緒、解決問題的20堂課	久恆啟一	360
QB1076X	策略思考：建立自我獨特的insight，讓你發現前所未見的策略模式	御立尚資	360
QB1080	從負責到當責：我還能做些什麼，把事情做對、做好？	羅傑·康納斯、湯姆·史密斯	380
QB1082X	論點思考：找到問題的源頭，才能解決正確的問題	內田和成	360
QB1083	給設計以靈魂：當現代設計遇見傳統工藝	喜多俊之	350
QB1084	關懷的力量	米爾頓·梅洛夫	250
QB1087	為什麼你不再問「為什麼？」：問「WHY？」讓問題更清楚、答案更明白	細谷 功	300

書　號	書　　　名	作　　者	定價
QB1089	做生意，要快狠準：讓你秒殺成交的完美提案	馬克・喬那	280
QB1091	溫伯格的軟體管理學：擁抱變革（第4卷）	傑拉爾德・溫伯格	980
QB1092	改造會議的技術	宇井克己	280
QB1093	放膽做決策：一個經理人1000天的策略物語	三枝匡	350
QB1094	開放式領導：分享、參與、互動——從辦公室到塗鴉牆，善用社群的新思維	李夏琳	380
QB1095X	華頓商學院的高效談判學（經典紀念版）：讓你成為最好的談判者！	理查・謝爾	430
QB1096	麥肯錫教我的思考武器：從邏輯思考到真正解決問題	安宅和人	320
QB1098	CURATION策展的時代：「串聯」的資訊革命已經開始！	佐佐木俊尚	330
QB1100	Facilitation引導學：創造場域、高效溝通、討論架構化、形成共識，21世紀最重要的專業能力！	堀公俊	350
QB1101	體驗經濟時代（10週年修訂版）：人們正在追尋更多意義，更多感受	約瑟夫・派恩、詹姆斯・吉爾摩	420
QB1102X	最極致的服務最賺錢：麗池卡登、寶格麗、迪士尼都知道，服務要有人情味，讓顧客有回家的感覺	李奧納多・英格雷利、麥卡・所羅門	350
QB1103	輕鬆成交，業務一定要會的提問技術	保羅・雀瑞	280
QB1105	CQ文化智商：全球化的人生、跨文化的職場——在地球村生活與工作的關鍵能力	大衛・湯瑪斯、克爾・印可森	360
QB1107	當責，從停止抱怨開始：克服被害者心態，才能交出成果、達成目標！	羅傑・康納斯、湯瑪斯・史密斯、克雷格・希克曼	380
QB1108	增強你的意志力：教你實現目標、抗拒誘惑的成功心理學	羅伊・鮑梅斯特、約翰・堤爾尼	350
QB1109	Big Data大數據的獲利模式：圖解・案例・策略・實戰	城田真琴	360
QB1110	華頓商學院教你活用數字做決策	理查・蘭柏特	320
QB1111C	V型復甦的經營：只用二年，徹底改造一家公司！	三枝匡	500
QB1112	如何衡量萬事萬物：大數據時代，做好量化決策、分析的有效方法	道格拉斯・哈伯德	480

經濟新潮社 〈經營管理系列〉

書　號	書　　　名	作　　者	定價
QB1114	永不放棄：我如何打造麥當勞王國	雷・克洛克、羅伯特・安德森	350
QB1115	工程、設計與人性：為什麼成功的設計，都是從失敗開始？	亨利・波卓斯基	400
QB1117	改變世界的九大演算法：讓今日電腦無所不能的最強概念	約翰・麥考米克	360
QB1119	好主管一定要懂的2×3教練法則：每天2次，每次溝通3分鐘，員工個個變人才	伊藤守	280
QB1120	Peopleware：腦力密集產業的人才管理之道（增訂版）	湯姆・狄馬克、提摩西・李斯特	420
QB1121	創意，從無到有（中英對照×創意插圖）	楊傑美	280
QB1122	漲價的技術：提升產品價值，大膽漲價，才是生存之道	辻井啟作	320
QB1123	從自己做起，我就是力量：善用「當責」新哲學，重新定義你的生活態度	羅傑・康納斯、湯姆・史密斯	280
QB1124	人工智慧的未來：揭露人類思維的奧祕	雷・庫茲威爾	500
QB1125	超高齡社會的消費行為學：掌握中高齡族群心理，洞察銀髮市場新趨勢	村田裕之	360
QB1126	【戴明管理經典】轉危為安：管理十四要點的實踐	愛德華・戴明	680
QB1127	【戴明管理經典】新經濟學：產、官、學一體適用，回歸人性的經營哲學	愛德華・戴明	450
QB1129	系統思考：克服盲點、面對複雜性、見樹又見林的整體思考	唐內拉・梅多斯	450
QB1131	了解人工智慧的第一本書：機器人和人工智慧能否取代人類？	松尾豐	360
QB1132	本田宗一郎自傳：奔馳的夢想，我的夢想	本田宗一郎	350
QB1133	BCG頂尖人才培育術：外商顧問公司讓人才發揮潛力、持續成長的祕密	木村亮示、木山聰	360
QB1134	馬自達Mazda技術魂：駕馭的感動，奔馳的祕密	宮本喜一	380
QB1135	僕人的領導思維：建立關係、堅持理念、與人性關懷的藝術	麥克斯・帝普雷	300

書　號	書　　　名	作　　者	定價
QB1136	建立當責文化：從思考、行動到成果，激發員工主動改變的領導流程	羅傑‧康納斯、湯姆‧史密斯	380
QB1137	黑天鵝經營學：顛覆常識，破解商業世界的異常成功個案	井上達彥	420
QB1138	超好賣的文案銷售術：洞悉消費心理，業務行銷、社群小編、網路寫手必備的銷售寫作指南	安迪‧麥斯蘭	320
QB1139	我懂了！專案管理（2017年新增訂版）	約瑟夫‧希格尼	380
QB1140	策略選擇：掌握解決問題的過程，面對複雜多變的挑戰	馬丁‧瑞夫斯、納特‧漢拿斯、詹美賈亞‧辛哈	480
QB1141	別怕跟老狐狸說話：簡單說、認真聽，學會和你不喜歡的人打交道	堀紘一	320
QB1143	比賽，從心開始：如何建立自信、發揮潛力，學習任何技能的經典方法	提摩西‧高威	330
QB1144	智慧工廠：迎戰資訊科技變革，工廠管理的轉型策略	清威人	420
QB1145	你的大腦決定你是誰：從腦科學、行為經濟學、心理學，了解影響與說服他人的關鍵因素	塔莉‧沙羅特	380
QB1146	如何成為有錢人：富裕人生的心靈智慧	和田裕美	320
QB1147	用數字做決策的思考術：從選擇伴侶到解讀財報，會跑 Excel，也要學會用數據分析做更好的決定	GLOBIS商學院著、鈴木健一執筆	450
QB1148	向上管理‧向下管理：埋頭苦幹沒人理，出人頭地有策略，承上啟下、左右逢源的職場聖典	蘿貝塔‧勤斯基‧瑪圖森	380
QB1149	企業改造（修訂版）：組織轉型的管理解謎，改革現場的教戰手冊	三枝匡	550
QB1150	自律就是自由：輕鬆取巧純屬謊言，唯有紀律才是王道	喬可‧威林克	380
QB1151	高績效教練：有效帶人、激發潛力的教練原理與實務（25週年紀念增訂版）	約翰‧惠特默爵士	480

書號	書名	作者	定價
QC1001	全球經濟常識100	日本經濟新聞社編	260
QC1004X	愛上經濟:一個談經濟學的愛情故事	羅素‧羅伯茲	280
QC1014X	一課經濟學(50週年紀念版)	亨利‧赫茲利特	320
QC1016X	致命的均衡:哈佛經濟學家推理系列	馬歇爾‧傑逢斯	300
QC1017	經濟大師談市場	詹姆斯‧多蒂、德威特‧李	600
QC1019X	邊際謀殺:哈佛經濟學家推理系列	馬歇爾‧傑逢斯	300
QC1020X	奪命曲線:哈佛經濟學家推理系列	馬歇爾‧傑逢斯	300
QC1026C	選擇的自由	米爾頓‧傅利曼	500
QC1027X	洗錢	橘玲	380
QC1031	百辯經濟學(修訂完整版)	瓦特‧布拉克	350
QC1033	貿易的故事:自由貿易與保護主義的抉擇	羅素‧羅伯茲	300
QC1034	通膨、美元、貨幣的一課經濟學	亨利‧赫茲利特	280
QC1036C	1929年大崩盤	約翰‧高伯瑞	350
QC1039	贏家的詛咒:不理性的行為,如何影響決策(2017年諾貝爾經濟學獎得主作品)	理查‧塞勒	450
QC1040	價格的祕密	羅素‧羅伯茲	320
QC1043	大到不能倒:金融海嘯內幕真相始末	安德魯‧羅斯‧索爾金	650
QC1044	你的錢,為什麼變薄了?:通貨膨脹的真相	莫瑞‧羅斯巴德	300
QC1046	常識經濟學:人人都該知道的經濟常識(全新增訂版)	詹姆斯‧格瓦特尼、理查‧史托普、德威特‧李、陶尼‧費拉瑞尼	350
QC1048	搶救亞當斯密:一場財富與道德的思辯之旅	強納森‧懷特	360
QC1049	了解總體經濟的第一本書:想要看懂全球經濟變化,你必須懂這些	大衛‧莫斯	320
QC1051	公平賽局:經濟學家與女兒互談經濟學、價值,以及人生意義	史帝文‧藍思博	320
QC1052	生個孩子吧:一個經濟學家的真誠建議	布萊恩‧卡普蘭	290

經濟新潮社　　　　　〈經濟趨勢系列〉

書　號	書　　　　　名	作　　者	定價
QC1055	預測工程師的遊戲：如何應用賽局理論，預測未來，做出最佳決策	布魯斯・布恩諾・德・梅斯奎塔	390
QC1056	如何停止焦慮愛上投資：股票＋人生設計，追求真正的幸福	橘玲	280
QC1057	父母老了，我也老了：如何陪父母好好度過人生下半場	米利安・阿蘭森、瑪賽拉・巴克・維納	350
QC1059	如何設計市場機制？：從學生選校、相親配對、拍賣競標，了解最新的實用經濟學	坂井豐貴	320
QC1060	肯恩斯城邦：穿越時空的經濟學之旅	林睿奇	320
QC1061	避稅天堂	橘玲	380
QC1062	平等與效率：最基礎的一堂政治經濟學（40週年紀念增訂版）	亞瑟・歐肯	320
QC1063	我如何在股市賺到200萬美元（經典紀念版）	尼可拉斯・達華斯	320
QC1064	看得見與看不見的經濟效應：為什麼政府常犯錯、百姓常遭殃？人人都該知道的經濟真相	弗雷德里克・巴斯夏	320
QC1065	GDP又不能吃：結合生態學和經濟學，為不斷遭到破壞的環境，做出一點改變	艾瑞克・戴維森	350
QC1066	百辯經濟學：為娼妓、皮條客、毒販、吸毒者、誹謗者、偽造貨幣者、高利貸業者、為富不仁的資本家……這些「背德者」辯護	瓦特・布拉克	380

書　號	書　　　名	作　　者	定價
QD1001	想像的力量：心智、語言、情感，解開「人」的祕密	松澤哲郎	350
QD1002	一個數學家的嘆息：如何讓孩子好奇、想學習，走進數學的美麗世界	保羅·拉克哈特	250
QD1003	寫給孩子的邏輯思考書	苅野進、野村龍一	280
QD1004	英文寫作的魅力：十大經典準則，人人都能寫出清晰又優雅的文章	約瑟夫·威廉斯、約瑟夫·畢薩普	360
QD1005	這才是數學：從不知道到想知道的探索之旅	保羅·拉克哈特	400
QD1006	阿德勒心理學講義	阿德勒	340
QD1007	給活著的我們·致逝去的他們：東大急診醫師的人生思辨與生死手記	矢作直樹	280
QD1008	服從權威：有多少罪惡，假服從之名而行？	史丹利·米爾格蘭	380
QD1009	口譯人生：在跨文化的交界，窺看世界的精采	長井鞠子	300
QD1010	好老師的課堂上會發生什麼事？——探索優秀教學背後的道理！	伊莉莎白·葛林	380
QD1011	寶塚的經營美學：跨越百年的表演藝術生意經	森下信雄	320
QD1012	西方文明的崩潰：氣候變遷，人類會有怎樣的未來？	娜歐蜜·歐蕾斯柯斯、艾瑞克·康威	280
QD1013	逗點女王的告白：從拼字、標點符號、文法到髒話……英文，原來這麼有意思！	瑪莉·諾里斯	380
QD1014	設計的精髓：當理性遇見感性，從科學思考工業設計架構	山中俊治	480
QD1015	時間的形狀：相對論史話	汪潔	380
QD1016	愛爺爺奶奶的方法：「照護專家」分享讓老人家開心生活的祕訣	三好春樹	320
QD1017	霸凌是什麼：從教室到社會，直視你我的暗黑之心	森田洋司	350
QD1018	編、導、演！眾人追看的韓劇，就是這樣誕生的！：《浪漫滿屋》《他們的世界》導演暢談韓劇製作的祕密	表民秀	360

經濟新潮社 〈自由學習系列〉

書　號	書　　　　　名	作　　　者	定價
QD1019	**多樣性**：認識自己，接納別人，一場社會科學之旅	山口一男	330
QD1020	**科學素養**：看清問題的本質、分辨真假，學會用科學思考和學習	池內了	330

國家圖書館出版品預行編目資料

高績效教練：有效帶人、激發潛力的教練原理與
實務／約翰・惠特默爵士（Sir John Whitmore）
著；李靈芝譯. -- 二版. -- 臺北市：經濟新潮
社出版：家庭傳媒城邦分公司發行, 2018.11
　面；　公分. --（經營管理；151）
譯自：Coaching for performance: the principles
and practice of coaching and leadership
　ISBN 978-986-97086-0-9（平裝）

1.在職教育　2.團隊精神　3.激勵　4.組織學習

494.386　　　　　　　　　　　　　107018799